FORSCHUNGSBERICHTE DES LANDES NORDRHEIN-WESTFALEN

Nr. 2006

Herausgegeben im Auftrage des Ministerpräsidenten Heinz Kühn
von Staatssekretär Professor Dr. h. c. Dr. E. h. Leo Brandt

DK 697.134:532.582.34

Dipl.-Ing. Klaus Gerhart

Lehrstuhl für Wärmeübertragung und Klimatechnik
Rhein.-Westf. Techn. Hochschule Aachen
Lehrstuhlinhaber: Prof. Dr. Werner Linke

Modellversuche über die örtliche
Druck- und Wärmeübergangsverteilung
an einem quadratischen Prisma
im Hinblick auf die Umströmung von Gebäuden

Springer Fachmedien Wiesbaden GmbH 1969

ISBN 978-3-663-20099-4   ISBN 978-3-663-20459-6 (eBook)
DOI 10.1007/978-3-663-20459-6

Verlags-Nr. 012006

© 1969 by Springer Fachmedien Wiesbaden
Ursprünglich erschienen bei Westdeutscher Verlag GmbH, Köln und Opladen 1969.
Gesamtherstellung: Westdeutscher Verlag ·

Inhalt

1. Einleitung 5

2. Versuchseinrichtung 6
   - 2.1 Wärmeübergangsmessungen 7
   - 2.11 Analogiebeziehungen zwischen Wärme- und Stoffübertragung 9
   - 2.12 Auswertungsverfahren 10
   - 2.2 Druckverteilungsmessungen und Strömungsaufnahmen 12
   - 2.21 Versuchseinrichtung zur Druckverteilungsmessung 13
   - 2.22 Versuchsauswertung 13

3. Versuchsergebnisse 13
   - 3.1 Wärmeübergangsmessungen 14
   - 3.11 Örtliche Verteilung der Wärmeübergangszahlen 14
   - 3.12 Mittlere Wärmeübergangszahlen der einzelnen Prismenseiten 17
   - 3.2 Druckverteilungsmessungen 19
   - 3.21 Druckverteilung 19
   - 3.22 Druckwiderstandsbeiwert 19
   - 3.23 Gesamt- und Reibungswiderstandsbeiwert 19

4. Theoretische Behandlung 20

5. Scheibenmessungen 22
   - 5.1 Versuchseinrichtung 22
   - 5.2 Ergebnisse und Vergleich mit der Theorie 22

6. Unbekannte Einflußgrößen 23
   - 6.1 Exponent n der Lewis-Zahl 23
   - 6.2 Turbulenzgrad 24
   - 6.3 Räumliches Problem 25

7. Übertragung der Ergebnisse auf die Verhältnisse an Fassaden 25

8. Zusammenfassung 27

9. Abbildungsanhang 30

10. Literaturverzeichnis 50

1. Einleitung

Zur Berechnung des Wärmedurchganges an Gebäudefassaden werden die auf der Außenseite des Gebäudes vorliegenden konvektiven Wärmeübergangszahlen α_a benötigt. Während die für die Wärmebedarfsrechnung für den Winter einzusetzende Zahl mit $\alpha_a = 20 \text{ kcal/m}^2 \text{ h grd}$ in DIN 4701 (Ausgabe 1958) festgelegt ist, besteht in der Literatur für die in die Kühllastberechnung für den Sommer einzusetzende Zahl lediglich die Angabe, es sei ein möglichst kleiner Wert zu wählen [1]. Diese Pauschalangaben reichen aber nicht mehr aus, wenn bei Bauausführungen mit großen Glasfassaden, deren Wärmedämmeigenschaften gering sind, Wärmeverlust, Wärmeeinfall und bei Absorptionsglasfenstern die Glastemperaturen, die die Behaglichkeit im Raum beeinflussen, bestimmt werden sollen.

Eine theoretische Ermittlung von α_a durch Lösen der Geschwindigkeits- und Temperaturfelder um das Gebäude erscheint unmöglich. Aber auch Messungen an Hausfassaden, die wohl zunächst die besten Resultate erwarten lassen, erweisen sich als schwierig, da

1. die Windgeschwindigkeit und die Windrichtung plötzlich und unregelmäßig wechseln und
2. der konvektive Wärmestrom durch den Energiestrom der zustrahlenden Sonne, der in Abhängigkeit von der Bewölkung ebenfalls unregelmäßige Schwankungen ausführen kann, überlagert wird.

So ist uns bislang nur eine Messung bei Windanfall bekanntgeworden [1], [2]. Sie erfolgte an einem ca. 30 m hohen, freistehenden Gebäude mit der Grundfläche 12×14 m, dessen Grundrißdiagonalen in die vier Haupthimmelsrichtungen weisen. In einem Fenster des obersten Stockwerkes (S-W-Richtung, ca. 2 m unterhalb der Dachkante) wurde mit zwei Wärmeflußmessern, einer mit spiegelnder, einer mit geschwärzter Oberfläche, der durch Konvektion an dieser speziellen Stelle allein übertragene Wärmestrom ermittelt. Die Meßergebnisse zeigt Abb. 1*. Sie streuen stark, doch muß beachtet werden, daß die Angaben über Windgeschwindigkeit und -richtung nur angenäherte Werte über größere Schwankungsbereiche darstellen.

Um den Einfluß der Wind- und Strahlungsenergieschwankungen auszuschalten, ist es zweckmäßig, Modellversuche im Windkanal durchzuführen. Über die Ergebnisse solcher Versuche soll im folgenden berichtet werden. Dabei können mit dem zur Verfügung stehenden Windkanal nur sehr kleine Reynoldssche Kennzahlen der anströmenden Luft (bezogen auf die Kantenlänge des Modells) erzielt werden, die um mehrere Zehnerpotenzen unter den an Gebäuden auftretenden liegen.

Aber auch für kleine Re-Zahlen ist über den Wärmeübergang an quer angeströmten, scharfkantigen Körpern wenig bekannt. Es existieren lediglich Messungen von HILPERT [3], der die Gesamtwärmeabgabe von Drähten verschiedener Querschnittsform bei unterschiedlicher Anströmrichtung der Luft bestimmte, sowie von SOGIN und Mitarbeitern [4], [5], die das Verhalten des örtlichen Wärmeüberganges an der im Windschatten liegenden Seite eines Rechteckes bei diskreten Anströmwinkeln der Luft erforschten. Eine Untersuchung der örtlichen Wärmeübergangsverteilungen bei umströmten, scharfkantigen Körpern, wobei der Anströmwinkel zwischen 0 und 360° verändert wird, liegt bislang nicht vor.

* Die Abbildungen stehen im Anhang ab Seite 30.

Um diese Verteilungen grundsätzlich besser übersehen zu können, werden in der vorliegenden Arbeit an einem Prisma mit quadratischem Querschnitt und fester Kantenlänge Wärmeübergangskoeffizienten und der statische Druck örtlich in Abhängigkeit von Strömungsgeschwindigkeit und -richtung experimentell bestimmt. Dabei wird die bei der Umströmung von Gebäuden auftretende räumliche Strömung durch eine ebene ersetzt, weil sich hierbei für bestimmte Anströmrichtungen eine theoretische Berechnung der Wärmeübergangskoeffizienten anstellen läßt. Die ebene Strömung wird dadurch erreicht, daß sich die Höhe des Modellkörpers über die gesamte Höhe des rechteckigen Kanals erstreckt und die Messungen in der Mittelebene, also möglichst weit von den Windkanalberandungen erfolgen. Für die Umströmung von Gebäuden heißt dies, daß der Einfluß der Erdoberfläche und der Dachkanten unberücksichtigt bleibt.

Auch wenn die Extrapolation der Ergebnisse auf den Fall der Umströmung von Gebäuden nicht zu quantitativ verwertbaren Aussagen führt, lassen sich doch qualitativ aufschlußreiche Erkenntnisse über das Verhalten des Wärmeüberganges an Fassaden gewinnen, etwa über die Lage der Fassadenteile, bei denen im Winterbetrieb mit verstärkten Wärmeverlusten zu rechnen ist, und über die Größenordnung, in der diese Verstärkung liegen kann. Im Sommerbetrieb dagegen sollen zur Berechnung der Kühllasten extrem niedrige Wärmeübergangszahlen benutzt werden. Das bedeutet aber, daß die natürliche Konvektion immer größeren Einfluß auf den Wärmeübergang gewinnt und ihn im Grenzfall der Windstille allein bewirkt. Ob jedoch schon dieser Grenzfall den geforderten Extremwert von α_a liefert oder eine bestimmte Kombination aus freier und erzwungener Konvektion, kann in der vorliegenden Untersuchung nicht geklärt werden. Zur Beurteilung der Verhältnisse im Sommerbetrieb kann sie daher nur herangezogen werden, wenn der Einfluß der natürlichen Konvektion auf den Wärmeübergang klein ist.

2. Versuchseinrichtung

Für die Messungen wurde ein Windkanal benutzt, dessen Aufbau die Abb. 2 schematisch zeigt. Die rechteckige Meßstrecke mit den Abmessungen 1 m Breite und 0,4 m Höhe ist auf der Saugseite eines Radialgebläses mit 8000 m³/h Liefermenge angeordnet. Damit läßt sich eine maximale Luftgeschwindigkeit im Meßquerschnitt von 8,5 m/s erzielen, die stufenlos gesenkt werden kann. Der Luftstrom wird über ein Beruhigungssieb der Versuchshalle entnommen und über einen gut abgerundeten Einlauftrichter der Meßstrecke zugeführt. Zur Messung der Luftgeschwindigkeit wird der Unterdruck am Ende des Einlauftrichters mit Mikromanometern bestimmt. Der Anzeige ist eine Geschwindigkeit in der Meßebene zugeordnet, die in einem Vorversuch mit einem Staurohr nach PRANDTL gemessen wurde.

Wenn eine von Randeinflüssen möglichst freie Anströmung des Körpers erreicht werden soll, darf die Kantenlänge der Modelle eine bestimmte Größe nicht überschreiten. Nach FAGE und JOHANSEN [6] soll das Verhältnis von Körperbreite zu Kanalbreite, das sogenannte Versperrungsverhältnis, etwa 1:50 sein. Damit wäre aber der Modellkörper 20 mm breit, was die Messung der örtlichen Verteilungen der Wärmeübergangszahlen sehr erschwert hätte. Es wurde daher als Kantenlänge 100 mm gewählt (Versperrungsverhältnis 1:10). Durch Messungen wurde festgestellt, daß die Luftgeschwindigkeit außerhalb des unmittelbaren Einflußbereiches des Prismas gegenüber der Geschwindigkeit im leeren Kanal nur um etwa 1% erhöht wird. Diese Abweichung erscheint zumindest für Wärmeübergangsmessungen zulässig zu sein. Mit der maximalen Geschwindigkeit von 8,5 m/s und der Modellkantenlänge von 100 mm ergibt sich für die Luftströmung eine maximale Reynoldssche Zahl von 55 000.

2.1 Wärmeübergangsmessungen

Es wurde zunächst versucht, Wärmeübergangsverteilungen nach einem von SCHMIDT und WENNER [7] angegebenen Verfahren zu messen*. In eine Seite des mit Dampf beheizten, prismatischen Versuchskörpers waren, auf der Fläche der Meßseite gleichmäßig verteilt, vier elektrische Heizelemente eingelassen. Die Anordnung zeigt Abb. 3. Diese Elemente waren so eingerichtet, daß ihre elektrische Heizleistung praktisch nur auf der der Luftströmung zugekehrten Fläche von 140×10 mm abgeführt werden konnte. Aus der Heizleistung konnte auf den Wärmestrom durch die Elementfläche geschlossen werden und daraus die mittlere Wärmeübergangszahl über diese Fläche berechnet werden. Zur Ermittlung der örtlichen Verteilungskurve der Wärmeübergangszahl ergaben sich also vier Meßpunkte (die Elementfläche war im Vergleich zur Heizfläche klein). Diese Anzahl war zur Aufstellung einer Verteilungskurve sehr klein, sie ließ sich aber aus Herstellungsgründen nicht erhöhen. Als besonders nachteilig erwies sich das Fehlen von Meßpunkten in unmittelbarer Kantennähe, zu der hin die Wärmeübergangszahlen sehr stark ansteigen. Da das Verfahren auch versuchstechnisch sehr schlecht zu handhaben war, wurde es, nachdem einige qualitative Ergebnisse erhalten worden waren, nicht mehr weiter angewandt.

Eine apparativ weniger aufwendige Meßmethode, mit der die Wärmeübergangszahlen auch in Kantennähe zu ermitteln sind, bedient sich der Analogie zwischen Wärme- und Stoffübertragungsvorgängen. Aus der von einer mit sublimierbarem Material, im vorliegenden Falle Naphthalin, bedeckten Oberfläche in der Versuchszeit absublimierenden Stoffmenge kann über die Analogiebeziehungen aus der entsprechenden Stoffübergangszahl die Wärmeübergangszahl erhalten werden. Dabei kann sowohl die örtliche Wärmeübergangszahl durch geeignete Messung der örtlichen Abtragung der sublimierbaren Schicht bestimmt werden, wie auch die mittlere Wärmeübergangszahl über die Meßfläche durch Wägung der abgetragenen gesamten Stoffmenge. Diese Methode wird in jüngster Zeit häufig zur Bestimmung der Wärmeübergangsverhältnisse an unterschiedlichen Oberflächengeometrien angewandt [8], [9], [10], [11]. Die Meßeinrichtung für diese Versuche wird sehr einfach.

Der Versuchskörper mit den Abmessungen 100×100×400 mm besteht aus Acrylglas. In der Mitte der Lotrechten kann in eine Schwalbenschwanzführung eine Stahlplatte mit den Abmessungen 50×100×4 mm eingeschoben werden. Auf dieser Platte wird durch Eintauchen in eine ca. 105°C warme Schmelze aus Reinstnaphthalin eine ca. 0,3 mm dicke Naphthalinschicht erzeugt. Die mit Naphthalin bedeckte Fläche beträgt dann 0,05 m² ± 1%.

Die Bestimmung der in der Versuchszeit abgetragenen Stoffmenge durch Differenzwägung erfolgt auf einer Präzisionswaage mit der Ablesegenauigkeit ± 0,1 mg bei einer maximalen Auflagemasse von 200 g. Damit wird die Meßgenauigkeit der Wägung und der abgetragenen Masse besser als ± 1%.

Zur Ermittlung der örtlichen Abtragung werden die Naphthalinschichtdicken vor und nach jedem Versuch mit handelsüblichen Schichtdickenmeßgeräten gemessen. Die

---

* Die Messungen wurden von A. MÜRKENS im Rahmen einer Diplomarbeit durchgeführt.

beiden zur Verfügung stehenden Geräte (Permaskop der Fa. Fischer, Stuttgart, und Monimeter, Typ 2094, der Fa. Institut Dr. Förster, Reutlingen) arbeiten nach dem gleichen Meßprinzip. Beim Durchgang von magnetischen Feldlinien durch nicht ferromagnetische Schichten wird das Feld in Abhängigkeit von der Schichtdicke geschwächt. Ist nun unter diesen Schichten ein ferromagnetischer Träger angebracht, dann ändert sich in einer auf die Schichten aufgelegten Meßspule die Selbstinduktion in Abhängigkeit von der Schichtdicke. Dadurch auftretende Spannungsänderungen können auf einem Meßinstrument direkt in μm angegeben werden.

Das Gerät Permaskop wird inzwischen nicht mehr benutzt, da bei ihm eine Sender- und eine Empfängerspule in zwei verschiedenen Elektroden angeordnet sind, die die Dicke nur als Mittelwert über eine Fläche von 0,5 cm² zu messen gestatten. Außerdem wird das Gerät dadurch sehr empfindlich gegen Verkanten der Tasterspitzen. Diese Nachteile machen sich besonders beim Arbeiten in Kantennähe unangenehm bemerkbar. Sie sind beim Monimeter durch gleichzeitige Anordnung beider Spulen in einem Taster weitgehend beseitigt. Allerdings macht dies eine Verstärkerschaltung erforderlich, deren Wandern durch häufiges Nacheichen kontrolliert werden muß.

Bei der Messung wird der Taster von Hand auf bestimmte Punkte der Naphthalinoberfläche, die zuvor mit Tusche markiert werden, aufgedrückt. Um dabei individuelle Meßfehler möglichst zu vermeiden, wird die Schichtdicke in kurzen Abständen zweimal hintereinander gemessen. Zudem wird die Messung bei einem bestimmten Kantenabstand an drei Stellen übereinander und in drei Versuchsreihen hintereinander durchgeführt. Damit wird die örtliche Wärmeübergangszahl aus neun Meßpunkten gewonnen. Die Fehlerangaben der Schichtdickenmeßgeräte werden von den Firmen mit $\pm 3\%$ vom Skalenendwert angegeben. Obwohl im vorliegenden Fall nur Differenzen interessieren, die im allgemeinen mit größerer Genauigkeit zu ermitteln sind als Absolutwerte, ist wegen der Arbeitsweise, daß die Tasterspitzen von Hand aufzusetzen sind, kaum mit größeren Genauigkeiten zu rechnen.

Das Prisma ist drehbar im Windkanal eingehängt, so daß die Meßseite in beliebige Winkelstellung zur Strömungsrichtung gebracht werden kann. Im allgemeinen wird der Winkel zwischen der Flächennormalen auf die Meßseite und der Strömungsrichtung aber nur zwischen 0 und 180° verändert. Die gewonnenen Ergebnisse lassen sich auf den nicht vermessenen Winkelbereich übertragen, weil die im gesamten Winkelbereich durchgeführten Messungen des statischen Druckes zeigen, daß symmetrische Verhältnisse am Prisma vorliegen.

Der Dampfdruck des Naphthalins ist stark von der Temperatur abhängig. Daher ist es erforderlich, die Lufttemperatur möglichst genau zu messen. Dies geschieht mit einem strahlungsgeschützten Hg-Präzisionsthermometer mit einer Ablesegenauigkeit von $\pm 5/100°$. Die Versuchszeit richtet sich nach der Abtragungsgeschwindigkeit des Naphthalins, die sehr stark temperaturabhängig ist, und schwankt zwischen 30 und 180 Minuten. In dieser Zeit wird mindestens alle 15 Minuten die Lufttemperatur gemessen, der dazugehörige Naphthalindampfdruck bestimmt und daraus der mittlere Naphthalindampfdruck über die Versuchszeit gerechnet.

Eine Fehlerrechnung ergibt für die örtlichen und mittleren Stoffübergangszahlen einen Wert von $\pm 5\%$, woran der Fehler in der Bestimmung der Wandkonzentration einen besonders großen Anteil hat. Die beobachtete Reproduzierbarkeit der Meßergebnisse schwankt im allgemeinen um diesen Wert.

2.11 Analogiebeziehungen zwischen Wärme- und Stoffübertragung [12]

Die Fouriersche Gleichung für den Wärmestrom

$$\dot{q} = -\lambda \frac{\partial T}{\partial n} \qquad (1)$$

($\dot{q}$ = Wärmestrom, λ = Wärmeleitzahl des Stoffes, in dem der Wärmetransport stattfindet; $\frac{\partial T}{\partial n}$ = Temperaturgradient in Normalenrichtung n auf die Fläche, durch die der Wärmestrom geht) und die Ficksche Gleichung für die zweiseitige Diffusion, die bei vernachlässigbar kleinen Partialdrucken der einen Komponente ohne Korrektur auch für die einseitige Diffusion in der Nachbarschaft fester, semipermeabler Wände benutzt werden darf,

$$\dot{m} = -\frac{D}{R \cdot T} \frac{\partial p}{\partial n} \qquad (2)$$

($\dot{m}$ = Massenstrom der einen Komponente; D = Diffusionskoeffizient; R = Gaskonstante der diffundierenden Komponente; T = absolute Temperatur; $\frac{\partial p}{\partial n}$ = Partialdruckgradient der diffundierenden Komponente) sind formal gleich aufgebaut. Auch zwischen den Gleichungen für das Temperaturfeld

$$\frac{\partial T}{\partial t} + u \frac{\partial T}{\partial x} + \ldots = a \left(\frac{\partial^2 T}{\partial x^2} + \ldots \right) \qquad (3)$$

(a = Temperaturleitzahl; t = Zeit) und das Partialdruckfeld

$$\frac{\partial p}{\partial t} + u \frac{\partial p}{\partial x} + \ldots = D \left(\frac{\partial^2 p}{\partial x^2} + \ldots \right) \qquad (4)$$

besteht formale Gleichheit.

Sind nun an geometrisch ähnlichen Berandungen die Differentialgleichungen (3) und (4) gültig und die örtlichen und zeitlichen Randbedingungen formal gleich, dann sind die Lösungen für das Temperaturfeld und das Partialdruckfeld identisch. Hieraus ergibt sich die Möglichkeit, die Lösungsmethoden der Wärmeübertragung auf Probleme der Stoffübertragung anzuwenden und umgekehrt.

Die mathematische Lösung der Differentialgleichungen unter Berücksichtigung der Randbedingungen ist schwierig, vor allem wenn im turbulenten Strömungsfeld Geschwindigkeit, Temperatur und Partialdruck zeitlich regellose Schwankungen ausführen. Diese Schwierigkeiten umgeht man, indem man eine den Übertragungsvorgang global beschreibende Übergangszahl, für die Wärmeübertragung die Wärmeübergangszahl α, einführt. Diese wird durch die Gleichung

$$\dot{q} = \alpha \, \Delta T \qquad (5)$$

definiert, wobei ΔT die Temperaturdifferenz zwischen Berandung und Strömung außerhalb der Grenzschicht ist. Bei turbulenten Strömungen ist hierbei der zeitliche Mittelwert zu verwenden. Die Wärmeübergangszahl wird in den meisten Fällen experimentell bestimmt und in Form dimensionsloser Abhängigkeiten von Strömungszustand und Stoffwerten des Fluids

$$\mathrm{Nu} = f(\mathrm{Re}, \mathrm{Pr}) \qquad (6)$$

angegeben.

Mit den oben angestellten Überlegungen kann man nun folgern, daß eine Stoffübergangszahl β durch

$$\dot{m} = \frac{\beta}{RT} \Delta p \tag{7}$$

definiert ist, die aus dimensionslosen Beziehungen

$$\text{Sh} = f'(\text{Re}, \text{Sc}) \tag{8}$$

ermittelt werden kann.

Bei geltenden Differentialgleichungen und gleichen Randbedingungen, wozu im turbulenten Fall noch die Gleichheit der turbulenten Austauschgrößen für Wärme und Masse kommt, sind die Funktionen f und f' gleich. Für den Fall $\text{Pr} = \text{Sc} = \text{Le} = 1$ werden auch die Zahlenwerte der dimensionslosen Übergangszahlen Nu und Sh gleich. Daraus folgt:

$$\frac{\alpha}{\beta} = \frac{\lambda}{D} = \varrho\, c_p \tag{9}$$

Diese Gleichung ist als das Lewissche Gesetz bekannt. Um eine ähnlich einfache Beziehung auch für $\text{Pr} \neq 1$ und $\text{Sc} \neq 1$ zu erhalten, definieren COLBURN und CHILTON [13], [14] Wärme- und Stoffübergangskoeffizienten

$$j_H = \frac{\text{Nu}}{\text{Re}\,\text{Pr}}\,\text{Pr}^{(1-n)} = \frac{\alpha}{u\,\varrho\,c_p}\,\text{Pr}^{(1-n)} \tag{10}$$

und

$$j_M = \frac{\text{Sh}}{\text{Re}\,\text{Sc}}\,\text{Sc}^{(1-n)} = \frac{\beta}{u}\,\text{Sc}^{(1-n)}, \tag{11}$$

bei denen der Exponent n den Einfluß der Kenngrößen Pr bzw. Sc ausschalten soll. Diese Koeffizienten hängen daher nur noch von Re ab. Für konstantes Re müssen sie also bei gleichen turbulenten Austauschgrößen für Wärme- und Stoffübertragung übereinstimmen. Aus der Gleichsetzung von j_H und j_M folgt dann

$$\frac{\alpha}{\beta} = \varrho\, c_p (\text{Le})^{1-n} \tag{12}$$

Mit dieser Gleichung lassen sich Wärme- und Stoffübergangsmessungen gut korrelieren, so daß die Annahme gleicher turbulenter Austauschgrößen für Wärme und Masse gerechtfertigt ist. Die Beziehung ist also zur Berechnung von Wärmeübergangszahlen aus den hier beschriebenen Stoffübergangsversuchen geeignet.

2.12 Auswertungsverfahren

Für die örtliche Mengenstromdichte an der Stelle i erhält man aus der gemessenen Abtragung

$$\dot{m}_i = \varrho_N \frac{\delta_i}{t} f_i \tag{13}$$

ϱ_N = Dichte des festen Naphthalins; δ_i = Abtragung an der Stelle i; t = Versuchszeit; f_i = Korrekturfaktor für die Einrichtzeit der Versuche (dieser ergibt sich aus Vorversuchen zu $f_l = 0{,}97$). Aus den Wägungen ergibt sich die mittlere Mengenstromdichte der Fläche j zu

$$\bar{\dot{m}}_j = \frac{\Delta M}{F_N t} \tag{14}$$

ΔM = Gesamtgewichtsverlust der Meßplatte; F_N = Naphthalinoberfläche. Aus den Mengenstromdichten ergibt sich dann die gesuchte Stoffübergangszahl β_i.

$$\beta_i = \frac{\dot{m}_i R_N T}{p_W - p_0} \tag{15}$$

R_N = Gaskonstante des gasförmigen Naphthalins; T = absolute Temperatur der Diffusionsgrenzschicht; p_W = Partialdruck des Naphthalins an der Naphthalinoberfläche; p_0 = Partialdruck in der Luftströmung. Der Partialdruck des Naphthalins in der Luft ist gleich Null, so daß

$$\beta_i = \frac{\dot{m}_i R_N T}{p_W} \tag{16}$$

wird. Entsprechend gilt

$$\bar{\beta}_j = \frac{\bar{\dot{m}}_j R_N T}{p_W} \tag{17}$$

Da die zur Sublimation des Naphthalins benötigte Wärme der Luft entzogen wird, ist die Naphthalinoberflächentemperatur nicht gleich der Temperatur der anströmenden Luft, sondern liegt um ein Geringes niedriger. Eine Berechnung der Oberflächentemperatur läßt sich für ein mittleres T_W aus der Bedingung gewinnen:

$$T_0 - T_W = \frac{p_W s_N}{\varrho_L c_{pL} \mathrm{Le}^{1-n} R_N T} \tag{18}$$

T_0 = absolute Temperatur der Luft; s_N = Sublimationsenthalpie des Naphthalins; ϱ_L = Dichte der Luft; c_{pL} = spez. Wärmekapazität der Luft (streng genommen müssen ϱ und c_p die Werte für das Naphthalindampf–Luft-Gemisch sein); Le = Lewis-Zahl $= a/D$. Die Meßfläche wird von einer großen Luftmenge angeströmt, deren Enthalpie durch die Sublimation praktisch nicht verändert wird. T_W ist daher über die Kantenlänge eine Konstante.

Bei der Temperatur T_W ist der Partialdruck des Naphthalins an der Wand entsprechend der Sättigungskurve einzusetzen. Würde p_W bei T_0 eingesetzt, entstände bei der Berechnung von β ein Fehler in der Größenordnung von 2%. Dieser ist zwar nicht groß, aber mit einfachen Rechnungen vermeidbar. Nach der Dampfdruckkurve gilt für p_W

$$p_W = 10^{a - \frac{b}{T_W}} \tag{19}$$

a und b = Konstanten.

Gl. (18) und (19) ergeben eine transzendente, implizite Funktion für $T_W - T_0 = f(T_0, n)$, deren Lösung Abb. 4 zeigt.

Für die Bezugstemperatur T ist die mittlere Temperatur der Grenzschicht, also näherungsweise $1/2 (T_0 + T_W)$, zu setzen. Die Differenz $T_0 - T_W$ beträgt bei den auftretenden Lufttemperaturen jedoch maximal 0,15°, so daß die Anwendung von T_0 oder

T_W erlaubt ist. Hier soll stets die Wandtemperatur gewählt werden, womit Gl. (17) und (18) auch in der Form

$$\beta_i = \frac{\dot{m}_i}{c_W} \tag{17a}$$

$$\bar{\beta}_j = \frac{\overline{\dot{m}_j}}{c_W} \tag{18a}$$

schreibbar sind, mit $c_W = p_W/R_N T_W$ = Naphthalinkonzentration an der Meßplattenoberfläche.

Mit β_i bzw. $\bar{\beta}_j$ ergibt sich α_i bzw. $\bar{\alpha}_j$ aus Gl. (12). Für den Exponenten n wird nach Angaben von MIZUSHINA und NAKAJIMA [15] der Wert $n = 0{,}5$ gewählt. Über die Berechtigung dieser Wahl wird weiter unten diskutiert.

Die Ergebnisse werden für die Darstellung in Diagrammen und für die Diskussion in dimensionslose Werte umgerechnet. Dabei dienen für die dimensionslose Wärmeübergangszahl Nu $= \alpha L/\lambda$ und die dimensionslose Anströmgeschwindigkeit Re $= u_0 L/\nu$ die Stoffwerte der reinen Luft und als charakteristische Länge die Kantenlänge L des Prismas.

Für die Bezugstemperatur zur Bildung der Stoffwerte der Luft wird $T_0 = 293\,°\mathrm{K}$ benutzt. Zwar schwankte während der Versuche die Raumtemperatur der Versuchshalle, doch hätte eine genauere Berücksichtigung der Temperaturabhängigkeit der Stoffwerte keine über die Meßgenauigkeit hinausgehende Verbesserung gebracht. Für $T_0 = 293\,°\mathrm{K}$ gelten die folgenden Werte [12]:

Dichte $\varrho_L = 1{,}205$ kg/m³; spez. Wärmekapazität $c_{pL} = 0{,}24$ kcal/kg grd; Wärmeleitfähigkeit $\lambda_L = 0{,}0221$ kcal/m h grd; kinematische Zähigkeit $\nu_L = 15{,}1 \cdot 10^{-6}$ m²/s.

Die Stoffwerte für Naphthalin sind den Critical International Tables (CIT) [16] und dem VDI-Wärmeatlas [17] entnommen:

Dampfdruck log $p_T = 11{,}45 - 3734/T$ (Torr)
Diffusionskoeffizient bei 0°C und 760 Torr Gesamtdruck
$D_{NO} = 0{,}01865$ m²/h.

Daraus wird die Diffusionskonstante des Naphthalins nach der Formel

$$D_N = D_{NO} \left(\frac{T_W}{273{,}15}\right)^2 \frac{760}{B_0} \tag{20}$$

mit B_0 = korrigierter Barometerstand (Torr) berechnet.

Gaskonstante $R_N = 6{,}61$ mkp/kg grd
Sublimationswärme $s_N = 110{,}1$ kcal/kg
Dichte des festen Naphthalins $\varrho_N = 1145$ kg/m³

2.2 Druckverteilungsmessungen und Strömungsaufnahmen

Die Deutung der Ergebnisse der Wärmeübergangsmessungen erfordert eine Vorstellung über das Strömungsverhalten um den untersuchten Körper. Dazu wurden am Prismenmodell Messungen der Verteilung des statischen Druckes vorgenommen. Hieraus läßt sich schon ein ungefährer Anhalt über die Strömungsform gewinnen. Außerdem wurden Strömungsbilder um das Prisma in einem Wassergerinne des Aerodynamischen Institutes der TH Achen bei verschiedener Anströmrichtung aufgenommen*.

* Die Aufnahmen wurden von H. P. HENNINGS als Teil seiner Diplomarbeit angefertigt.

2.21 Versuchseinrichtung zur Druckverteilungsmessung

Die Druckverteilung wird an einem Prisma aus Acrylglas mit den gleichen Abmessungen wie für die Sublimationsversuche gemessen. In der Mittelebene einer Seitenfläche befinden sich elf Druckanbohrungen im Abstand von jeweils 10 mm, wobei sich zwei Bohrungen direkt in den Kanten befinden. Die Bohrungen sind über Schlauchleitungen mit einem Mikromanometer bzw. einer Kleindruck-Hebelwaage, beide nach BETZ, verbunden. Über diese Bohrungen wird der statische Druck an der Prismenoberfläche p_i gegen den statischen Druck p_e der ungestörten Anströmung ermittelt.

2.22 Versuchsauswertung

Ein dimensionsloser Druckbeiwert wird gewonnen, wenn die ermittelte Druckdifferenz auf den Staudruck der ungestörten Anströmung

$$c_i = \frac{p_i - p_e}{q} \quad (21)$$

mit dem Staudruck $q = \varrho_L/2 \, u_0^2$, bezogen wird. Die Mittelung über je eine der vier Prismenseiten ergibt einen mittleren Druckbeiwert

$$\bar{c}_j = \int_0^1 c_i \, d\left(\frac{x}{L}\right) \quad (22)$$

mit x = laufende Koordinate von einem Bezugspunkt aus, L = Kantenlänge des Prismas. Aus diesem kann dann der Druckwiderstandsbeiwert für das Prisma

$$c_{wd} = \frac{F_p}{F} \sum_{j=1}^{4} \bar{c}_j \cos \gamma_j \quad (23)$$

bestimmt werden. γ_j ist dabei der Winkel, den die Fläche j mit einer Ebene senkrecht zur Strömungsrichtung bildet, F = Projektionsfläche des Körpers in dieser Ebene, F_p = Seitenfläche des Prismas = Prismenhöhe · L.

3. Versuchsergebnisse

Die Strömungsform um Prismen gleicht im allgemeinen Verhalten der bekannten um Zylinder, weicht aber in einigen Besonderheiten davon ab. Bei beiden Umströmungsfällen bildet sich ein System aus Grenzschichtentwicklung und Ablösung mit Wirbelbildung, das durch das Druck-(Geschwindigkeits-)feld der ungestörten Strömung geprägt wird. Unter der Wirkung der Strömungsbeschleunigung auf der Vorderseite (negativer Druckgradient) entwickeln sich vom Staupunkt aus Grenzschichten, die laminar beginnen, aber auch turbulent werden können. Im Windschatten führt die Verzögerung der Hauptströmung (positiver Druckgradient) zu einem Totluftgebiet, in dem Wirbel auftreten. Dieses Gebiet ist durch Trennflächen, die sogenannten Diskontinuitätsflächen, bzw. Vermischungsgebiete von der Hauptströmung getrennt.
Während aber beim Zylinder die Lage der Ablösungspunkte durch verschiedene Faktoren, hauptsächlich den Strömungscharakter der wandnahen Reibungsschicht, bestimmt wird, ist sie beim Prisma eindeutig festgelegt. Denn um die Kanten (Krümmungs-

radius Null) kann die Strömung der Körperkontur nicht folgen (nach der Potentialtheorie Geschwindigkeit unendlich) und reißt ab. Die Kanten sind also die Ansatzpunkte für die Trennflächen. Somit kann sich die charakteristische Strömungsform nicht mehr in Abhängigkeit von der Anströmgeschwindigkeit ändern. Betrachtet man den Gesamtwiderstandsbeiwert von Scheibe und Zylinder (Abb. 5 [18]) als Funktion von der Reynoldszahl, erkennt man beim Zylinder eine deutliche Abhängigkeit, während ab $Re = 10^3$ der Beiwert der Scheibe (senkrecht angeströmt) praktisch konstant bleibt. Auch Messungen an Prismen von LINDSEY zeigen diese Tendenz (Abb. 6 [19]) (die Anstiege am rechten Ende der Kurven rühren von Verdichtungsstößen beim Annähern an die Schallgeschwindigkeit her). In diesem Bereich liegt das sogenannte quadratische Gebiet vor, in dem der Widerstand dem Quadrat der Geschwindigkeit direkt proportional ist. Ein solches Gebiet existiert beim Zylinder nur angenähert im Bereich $10^4 < Re < 10^5$.

An diese Erkenntnisse läßt sich die Vermutung knüpfen, daß auch für den Wärmeübergang keine Änderung der charakteristischen Form des Gesetzes auftritt. Ein in der Form $Nu = C\, Re^m\, Pr^n$ aufgestelltes Gesetz muß sowohl für die örtlichen Werte, als auch für die Mittelwerte der Wärmeübergangszahlen gelten, wobei die Werte C und m wohl von der Anordnung, nicht aber von der Re-Zahl abhängen. Diese Abhängigkeit liegt bekanntlich bei der Umströmung von Zylindern vor [3].

Anders als beim Kreiszylinder lassen sich also die in den Modellversuchen bei kleinen Re-Zahlen gewonnenen Ergebnisse auch auf den Bereich großer Re-Zahlen, wie sie z. B. bei Gebäuden auftreten, extrapolieren. Damit erhält man die bereits in der Einleitung angedeutete Möglichkeit, aus den vorliegenden Versuchen Aussagen über das Verhalten des Wärmeüberganges an großen Gebäuden zu machen. Soll allerdings die Extrapolation auf die bei Bauten auftretenden Re-Zahlen von 10^3 bis 10^8 zu Wärmeübergangszahlen führen, die auch in ihrer absoluten Höhe korrekt sind, dann müssen C und m sehr genau bestimmt werden. Mit solcher Genauigkeit lassen sich aber die Konstanten aus den vorliegenden Versuchswerten in den meisten Fällen nicht angeben.

3.1 Wärmeübergangsmessungen*

An dem Versuchskörper trug nur eine Seite eine Naphthalinschicht. An der Körperoberfläche war die Naphthalinkonzentration in der umgebenden Luft konstant, die in der ungestörten Strömung war Null. Das wärmetechnische Analogon ist ein Rechtkant, bei dem eine Seite auf konstante Temperatur geheizt wird, und der von Luft mit konstanter Temperatur angeströmt wird. Diese Art der Randbedingung würde etwa bei einem Gebäude verwirklicht, das auf einer Seite intensiv von der Sonne bestrahlt wird, während die anderen im Schatten liegen. Im allgemeinen wird aber ein Gebilde vorliegen, das auf allen Seiten praktisch die gleiche Temperatur hat. Es besteht dann die Möglichkeit, daß die Wärmeabgabe der im Windschatten liegenden Seiten durch den Wärmeübergang auf der Vorderseite beeinflußt wird.

In besonderen Versuchen konnte nachgewiesen werden, daß solche Einflüsse außerhalb der Versuchsgenauigkeit der benutzten Meßapparatur nicht auftreten.

3.11 Örtliche Verteilung der Wärmeübergangszahlen

Die örtlichen Verteilungen der Wärmeübergangszahl wurden für die Winkel 0, 30, 45, 60, 90, 120, 135, 150 und 180° bei fünf verschiedenen Anströmgeschwindigkeiten

---

* Die Messungen führten die Herren W. STÖBEL, G. THIEL, K. STARKE und H. P. HENNINGS in ihren Diplom- bzw. Studienarbeiten durch.

$u_0 = 1,5, 3, 5, 7$ und 8 m/s bestimmt, für die Winkel 10, 20, 50, 70 und 80° bei drei Geschwindigkeiten $u_0 = 1,5, 5$ und 8 m/s. Die Anströmgeschwindigkeiten entsprechen folgenden Re-Zahlen: 1,5 m/s Re = 9920; 3 m/s Re = 19840; 5 m/s Re = 33100; 7 m/s Re = 46400; 8 m/s Re = 53000. Die Meßwerte sind in den Abbildungen 7–20 aufgetragen. Der Winkel φ ist der Winkel zwischen der Flächennormalen der Meßseite und der Anströmrichtung. Die Drehung des Prismas erfolgt zur Einstellung der verschiedenen Winkel im Gegenzeigersinn. Bis auf die Fälle $\varphi = 0$ und 180°, bei denen der Koordinatenursprung in der Mitte der Meßseite liegt, befindet er sich, in Strömungsrichtung gesehen, in der vorderen Kante.

Wie nach der Potentialtheorie für umströmte scharfe Kanten zu erwarten, steigen die Kurven des örtlichen Wärmeüberganges in der Mehrzahl der Fälle zu den Kanten hin an. Da sich aber in unmittelbarer Kantennähe Ablösewirbel bilden, sind die Anstiege nie so stark, wie man es etwa aus der Annahme unendlicher Geschwindigkeit erwarten könnte.

Die Verteilungskurve für die ebene Staupunktsströmung ist eine Parabel, deren Minimum auf der Staupunktsstromlinie liegt. Für den Umgebungsbereich des Staupunktes läßt sich die Verteilung auch theoretisch aus der Grenzschichttheorie ermitteln. Diese Berechnungen stimmen aber auch über die ganze Prismenseite gut mit den Meßwerten überein. Hierüber wird in Abschnitt 4 ausführlicher berichtet.

Auf der Rückseite des Prismas ist die Strömung stark verwirbelt. Infolge guter Durchmischung sollte hier die Wärmeübergangszahl vom Kantenabstand unabhängig sein. In diesem Sinne deuten auch SOGIN und BURKHARD [4] ihre Wärmeübergangsergebnisse, die sie in einem direkten Meßverfahren an einem elektrisch beheizten Rechteckkörper mit den Abmessungen 171×25,4 mm bei Re-Zahlen zwischen $2-4 \cdot 10^5$ erzielten. Die von ihnen veröffentlichten Meßwerte zeigt die Abb. 21, Kurve a.

Bei den vorliegenden Messungen wurde dagegen immer ein doppelschwingenartiger Verlauf der örtlichen Wärmeübergangszahlen festgestellt. Während sich das Maximum an den Kanten aus dem bereits beschriebenen allgemeinen Verhalten bei Umströmung von scharfkantigen Körpern erklären läßt, ist das Maximum in der Mitte der Seite überraschend. Eine Fehlmessung ist aber auszuschließen, da in etwa 50 Versuchsreihen das Maximum immer deutlich zu erkennen war.

SOGIN und BURKHARD haben ihre Ergebnisse offenbar falsch gedeutet. Denn auch ihre Meßpunkte lassen sich durch eine Kurve mit einem Maximum in der Mitte verbinden (gestrichelte Kurve a in Abb. 21). Dafür sprechen folgende Punkte:

a) SOGIN und RICHARDSON [20] stellten in Vorversuchen zur Arbeit von SOGIN und BURKHARD, bei denen ebenfalls sublimierendes Naphthalin benutzt wurde, fest, daß die Wärmeübergangszahl in der Mitte der Meßseite etwa 4% höher liegt als in Kantennähe.

b) Messungen von SOGIN [5] an der oben erwähnten Platte, die auf der Vorderseite mit einem Halbrund versehen war, zeigten ebenfalls in der Mitte ein Maximum (Abb. 21, Kurve b).

c) SOGIN und BURKHARD erhielten ein deutliches Maximum in der Mitte, wenn sie in das Totluftgebiet eine Trennplatte schoben, die an dem Meßkörper aber nicht anlag. Dabei wurde die mittlere Wärmeübergangszahl um 35% gesenkt (Abb. 21, Kurve c). Sie führen dies darauf zurück, daß die Trennplatte die grobe Mischung der Strömung verhindert und daß an dieser Platte eine rückläufige Grenzschichtströmung mit Staupunktscharakter auftritt.

Wahrscheinlich ist allerdings, daß durch die Trennplatte der Vorgang, der zur Bildung des Maximums führt, nur verstärkt wird. Eine Deutung des Erscheinens des Maximums ist schwierig, da über die Einzelheiten bei abgerissenen Strömungen im Windschatten von Körpern wenig bekannt ist. Nach Abb. 22 besteht die Möglichkeit, daß sich zwischen Prismenoberfläche und Wirbelsystem eine praktisch ruhende Zwischenschicht bildet. Diese ist durch Anlagerung von Aluminiumflitter an der Oberfläche deutlich zu erkennen. Die Strömung im Windschatten des Körpers beeinflußt diese Schicht in der Weise, daß ihre Dicke in der Mitte und an den Kanten des Prismas verringert wird. In der Schicht tritt der Temperaturabfall von Wandtemperatur zur Umgebungstemperatur auf.

Die Beeinflussung des Temperaturfeldes durch das Geschwindigkeitsfeld bewirkt, daß bei der Veränderung des Anströmwinkels zwischen 0 und 180° verschiedenartige Verteilungskurven auftreten, je nachdem, ob die Wärme in einer Strömungsgrenzschicht oder in abgelöster Strömung übertragen wird. Im Bereich der Staupunktsströmung ($0 \leq \varphi \leq 45°$) liegt nur Wärmeübergang in Grenzschichtströmung vor, im Bereich zwischen 75 und 180° ist die Strömung praktisch abgelöst. Im Bereich zwischen 45 und 75° treten Grenzschichtentwicklung und Ablösung nebeneinander auf. Alle Bereiche haben ihre charakteristische Form der Verteilungskurve, die sich mit dem Anströmwinkel nur wenig ändert.

1) Bereich $0 < \varphi \leq 45°$ (Abb. 7–9, 16, 17)

Der Staupunkt der Strömung liegt stets im Bereich des Schnittpunktes, in dem die mit der Strömungsrichtung zusammenfallende Achse, die durch den Mittelpunkt des Prismenquerschnittes geht, die der Strömung zugekehrte Seite des Körpers schneidet. Bei asymmetrischer Umströmung wird er dabei etwas zur vorderen Kante hin abgebogen (Abb. 23 und 24). Im betrachteten Winkelbereich wandert der Staupunkt also aus der Mitte, wo er bei $\varphi = 0$ liegt, zur Vorderkante hin, die er bei $\varphi = 45°$ erreicht.

Im Staupunkt wäre nach der Staupunktstheorie ein Minimum der Wärmeübergangszahlen zu erwarten, weil dort die Geschwindigkeit an der Körperberandung Null ist. Zu den Kanten hin wird die Strömung beschleunigt (in beschleunigter Strömung tritt an festen Wänden immer Grenzschichtentwicklung auf), so daß die Grenzschichten dünner werden [2]. Liegt der Staupunkt in der Kante ($\varphi = 45°$), dann muß nach der Theorie dort ein Maximum der Wärmeübergangszahlen auftreten, weil für diese Strömungskonstellation die Grenzschichtdicke Null ist.

Während die Anströmung unter 45° die Erwartung im großen und ganzen erfüllt (Abb. 9) und auch den theoretischen Verlauf (s. später) bestätigt, zeigen die übrigen Verteilungskurven ($0 < \varphi < 45°$) nicht das erwartete Bild (Abb. 8, 16, 17). Zwar werden sie bezüglich der Mittellinie der Meßfläche etwas asymmetrisch verschoben, hingegen macht die Lage des Minimums die Bewegung des Strömungsstaupunktes nicht mit und bleibt relativ fest im Bereich $x/L = 0,5$. Hier liegt auch das Minimum bei der Anströmung unter 45°, nach der theoretischen Rechnung müßte es etwa bei $x/L = 0,7$ liegen.

2) Bereich $45° < \varphi \leq \sim 75°$ (Abb. 10, 18, 19)

Das Ergebnis, das hier erzielt wurde, ist zunächst unerwartet. Es bildet sich nämlich ein Maximum der örtlichen Wärmeübergangszahlen, das mit steigendem Winkel φ zu größeren Werten x/L verschoben wird und bei höheren Anströmgeschwindigkeiten besonders ausgeprägt ist. Im Bereich dieses Maximums treten die höchsten örtlichen Wärmeübergangszahlen am gesamten Prisma auf. Der Abfall zur Vorderkante erfolgt steil, wobei das sonst in Kantennähe immer auftretende Ansteigen der Wärmeübergangszahlen bei keiner Messung nachweisbar war. Der Verlauf vom Maximum zur rückwärtigen Kante entspricht etwa dem Verlauf, der sich im Bereich 1) ergibt.

Der Abfall vom Maximum zur hinteren Kante deutet auf Grenzschichtentwicklung hin. Tatsächlich zeigt Abb. 24, daß an der Meßseite in diesem Winkelbereich eine sogenannte gesunde, d. h. nicht abgelöste Strömung auftritt. Dies wird dadurch bewirkt, daß an der der Anlaufkante benachbarten Prismenseite (an der der Staupunkt auftritt) die Stromlinien durch die Verschiebung des Staupunktes zur Kante hin abgebogen werden und die Meßseite wie eine parallel angeströmte Platte treffen. Dabei bilden sich jedoch im Kantenbereich Ablösungen, die die Kante runden. Hierin treten die geringen Wärmeübergangszahlen auf, die zum Abfall der Verteilungskurve zur Vorderkante hin führen. An das abgelöste Gebiet schließt sich eine Anlaufströmung an. Hieraus ist verständlich, daß die Höhe des Maximums von der Größe der Anströmgeschwindigkeit abhängt. Dagegen hängt die Lage x/L des Maximums nur vom Anströmwinkel ab. Dies stützt die Aussage, daß das charakteristische Bild der Umströmung bei kantigen Körpern nur durch die geometrischen Gegebenheiten, nicht aber durch die Anströmgeschwindigkeit bestimmt wird. Mit steigendem Winkel φ rückt der auf der Nachbarseite gebildete Staupunkt von der Kante ab. Damit entspricht die Anströmung immer weniger einer Parallelströmung, und das abgelöste Gebiet nimmt immer größere Teile der Meßseitenoberfläche ein: Das Maximum wandert zur Abströmkante. Bei etwa $\varphi = 75°$ ist dann die Ablösung so weit gediehen, daß es zu keiner Grenzschichtentwicklung mehr kommt.

3) Bereich $\sim 75° \leq \varphi < 180°$ (Abb. 11–14, 20)

In diesem Bereich muß die Strömung zunächst um eine Kante umgelenkt werden. Weil die Strömung die starke Verzögerung hinter der Kante nicht mitmachen kann, entsteht dort infolge Ablösung ein Totluftgebiet. Dies ist in den Strömungsaufnahmen Abb. 22–24 sehr gut zu erkennen. Die Achse liegt bei etwa $x/L = 1/5 - 1/3$. Dieses Totluftgebiet muß als zusätzlicher Wärmewiderstand überwunden werden, bevor die Wärme an die Strömung abgegeben werden kann. Das Minimum der Wärmeübergangsverteilung stimmt daher in seiner Lage mit der Achslage des Totluftgebietes überein.
Für Winkel $\sim 75 \leq \varphi \leq 100°$ legt sich die Hauptströmung hinter dem Totluftgebiet wieder etwas an den Körper an, wobei es aber nicht zu Grenzschichtbildung kommt.
Für Winkel $\sim 100 \leq \varphi < 180°$ erfolgt dagegen vollständige Ablösung, wobei sich große Wirbelbewegungen ergeben. In diesen treten große Geschwindigkeiten auf. Dies hat große Wärmeübergangszahlen zur Folge, die um so größer sind, je intensiver die Wirbelbewegung wird.
Ab etwa 150° folgt der Übergang zur Verteilungsform, wie sie bei 180° festgestellt wurde. Der Einfluß der Wirbelbewegung auf die Zwischenschicht an der Körperoberfläche muß nachlassen. Die örtliche Verteilung der Wärmeübergangszahlen beginnt das erwähnte Maximum in der Mitte zu bilden. Dies wird durch Messungen von SOGIN [5] (Abb. 21, Kurve d) für $\varphi = 155°$ bestätigt.
Aus den bei verschiedenen Winkelstellungen gemessenen Verteilungen läßt sich unter Berücksichtigung der schon erwähnten Erkenntnis, daß sich die wärmeabgebenden Seiten des Prismas gegenseitig nicht beeinflussen, die Verteilung der Wärmeübergangszahl um ein quadratisches Prisma zusammensetzen, das im Winkelbereich $0 \leq \delta \leq 45°$ (δ ist der Winkel, um den das Gesamtprisma gegenüber der Strömung gedreht ist) zur Hauptströmung steht. In Abb. 25–27 sind die Verteilungen für 0, 30 und 45° aufgetragen. Man sieht nochmals deutlich, daß zu den Kanten hin die Wärmeübergangszahlen ansteigen und daß sie an Kanten, die voll im abgelösten Gebiet liegen, besonders hoch sind.

3.12 Mittlere Wärmeübergangszahlen der einzelnen Prismenseiten

Für technische Rechnungen ist neben der Kenntnis der örtlichen Verteilung der Wärmeübergangszahlen auch die mittlere Wärmeabgabe über die Prismenseite von Interesse.

Diese läßt sich aus der Integration der örtlichen α_i-Werte über die Kantenlänge L gewinnen:

$$\bar{\alpha}_j = \int_0^1 \alpha_i \, d\left(\frac{x}{L}\right) \tag{24}$$

Außerdem ergeben sie sich in den Versuchen, wie schon beschrieben, aus den Wägeversuchen. Daß die Übereinstimmung zwischen Wägung und Integration der örtlichen Messungen im allgemeinen befriedigend ausfiel, kann als Indiz für die Zuverlässigkeit der Verteilungsmessungen gewertet werden. Allein bei der Winkelstellung 180° lagen die Meßwerte höher als die Rechenwerte. Der Wärmeübergang wird offenbar durch die nicht vermessenen Randzonen stark beeinflußt.

Die mit der Wägemethode bestimmten Mittelwerte der Wärmeübergangszahlen in dimensionsloser Form $\overline{Nu} = \bar{\alpha}_j L/\lambda$ sind in Abb. 28 in einem kartesischen Diagramm und in Abb. 29 zur besseren Übersicht in einem Polardiagramm über dem Anströmwinkel φ aufgetragen. Sie zeigen die mittlere Wärmeabgabe einer Prismenseite, wenn die Anströmrichtung der Luftströmung im Winkelbereich $0 \leq \varphi \leq 180°$ geändert wird, wobei die Meßseite ihre Lage beibehält. Dies entspricht einer Fassade, die mit Wind aus den verschiedenen Richtungen der Windrose angeströmt wird.

Vom Staupunkt aus ergibt sich ein flacher, mit zunehmender Re-Zahl etwas steiler werdender und nahezu geradliniger Abfall der Nu-Zahl zu einem Minimum bei 45°. Hier ist der Bereich 1) (Strömung mit Staupunktscharakter) abgeschlossen. Es folgt der Bereich 2). Hier erfolgt ein Anstieg der Wärmeübergangszahlen, der in großem Maße von der Re-Zahl abhängt. Bei $Re = 10^4$ verläuft er leicht geschwungen, während er bei $Re = 5 \cdot 10^4$ schon sehr steil wird. Das Verhältnis von Maximal- zu Minimalwert steigt von etwa 1,25 bei $Re = 10^4$ auf 1,8 bei $Re = 5 \cdot 10^4$. Etwa entsprechend verhält sich die Vergrößerung der Wärmeabgabe beim Maximum gegenüber dem Staupunktswert bei $\varphi = 0$. Sie steigt von 1,1 bei $Re = 10^4$ auf 1,5 bei $Re = 5 \cdot 10^4$.

Der Bereich 2) ist bei einem Winkel von etwa 75° beendet. Es beginnt der Wärmeübergang in abgelöster Strömung (Bereich 3). Für Winkel $\sim 75° \leq \varphi \leq \sim 100°$, bei denen sich die Strömung hinter dem Totluftgebiet wieder anlegt, sinken die Wärmeübergangszahlen zunächst etwas ab, steigen dann aber entsprechend der Zunahme der Wirbelbewegung an der Prismenseite mit größer werdendem Winkel bis zu einem flachen Maximum, das bei $\varphi = 150°$ liegt, leicht an. Anschließend läßt dann offenbar der Einfluß der Wirbelbewegung auf die wandnahe Zwischenschicht nach, und die Wärmeübergangszahlen sinken zu einem neuerlichen Minimum bei 180° ab.

Die Kurve der mittleren Wärmeübergangszahl läßt sich im Gegensatz zum Verhalten der örtlichen Verteilungskurve in nur zwei Bereiche einteilen. Diese werden ebenfalls sehr deutlich erkennbar unterschieden.

1) Bereich $0 \leq \varphi \leq 45°$. Dies ist der Bereich, in dem der Wärmeübergang auf der dem Wind zugekehrten Seite stattfindet. Er wird durch Strömung mit Grenzschichtcharakter gekennzeichnet. Es treten dabei relativ niedrige Wärmeübergangszahlen auf.

2) Bereich $45° \leq \varphi \leq 180°$. In diesem Bereich erfolgt der Wärmeübergang an Seiten, die im Windschatten liegen. Kennzeichen ist der Wärmeübergang in abgelöster Strömung. Hierzu sind offenbar auch die Seiten im oben angegebenen Bereich 2) ($45° < \varphi < \sim 75°$) zu rechnen, obwohl hier die Anströmung praktisch parallel erfolgt und auch Grenzschichtentwicklung auftritt. In diesem Bereich erfolgt der Übergang von luvseitigem zu leeseitigem Wärmeübergang. Die mittleren Wärmeübergangszahlen liegen im gesamten Bereich beträchtlich höher als die bei luvseitiger Anströmung. Dies beweist, daß durch die Wirkung der abgelösten Strömung nur sehr dünne Zwischenschichten an der Körperoberfläche gebildet werden können. Besonders hoch werden

die Wärmeübergangszahlen im Gebiet des Überganges von luvseitiger zu leeseitiger Anströmung (Bereich 2)).

3.2 Druckverteilungsmessungen*

3.21 Druckverteilung

Die in der dimensionslosen Form der Gl. (21) gebildeten örtlichen Druckbeiwerte für $\delta = 0$, 30 und 45° sind in Abb. 30–32 dargestellt. Diese Verläufe sind von der Re-Zahl unabhängig, was wiederum auf das quadratische Gebiet hinweist. Die Meßpunkte können daher jeweils aus den Ergebnissen bei fünf verschiedenen Re-Zahlen gemittelt werden. Für Anströmungen von 0 und 45° stimmen sie qualitativ mit den Angaben von FLACHSBART [21] und LUSCH und TRUCKENBRODT [22] überein. Eine quantitative Übereinstimmung besteht nicht und ist auch deshalb nicht zu erwarten, weil die Ergebnisse der genannten Autoren an Häusermodellen mit räumlicher Umströmung gewonnen wurden.

Die Lage des Staupunktes bei $\delta = 30°$ (gleichbedeutend mit $\varphi = 30°$) stimmt sehr gut mit der aus Strömungsaufnahmen im Wasserkanal gewonnenen überein (Abb. 24). Der Abstand von der Vorderkante beträgt etwa $x/L = 0{,}133$. Bemerkenswert ist, daß für $\varphi = 60°$ an der Stelle, an der die Wärmeübergangsverteilung das Maximum aufweist, auch der statische Druck an der Körperberandung extrem wird.

3.22 Druckwiderstandsbeiwert

Die nach Gl. (22) und (23) erhaltenen mittleren Druckbeiwerte enthält die folgende Tabelle:

Druckbeiwerte $\bar{c}_j$ und Druckwiderstandsbeiwerte c_{wd}

δ	$j = 1$	2	3	4	c_{wd}
0	+ 0,628	− 1,71	− 1,55	− 1,71	2,178
30°	+ 0,478	− 0,432	− 1,97	− 1,96	2,16
45°	+ 0,47	+ 0,47	− 1,98	− 1,98	2,45

Diese Werte gelten nicht für freie Anströmung des Prismas, sondern für die sich bei den verschiedenen Winkeln jeweils einstellenden Versperrungsverhältnisse. Diese betragen für $\delta = 0$: 1/10; $\delta = 30°$: 1/7,3; $\delta = 45°$: 1/7. Die Ergebnisse lassen sich daher mit Werten aus der Literatur erst dann vergleichen, wenn sie auf Werte beim Versperrungsverhältnis 1:50 umgerechnet werden. Hierzu fehlen aber für angeströmte Prismen die Unterlagen. Eine ungefähre Umrechnung nach Messungen von FAGE und JOHANSEN [6] an Platten führt nur bei senkrechter Anströmung zu befriedigenden Übereinstimmungen. Es ergibt sich ein Wert $c_{wd} = 1{,}88$. Demgegenüber gibt WIESELSBERGER [23] einen Wert $c_{wd} = 1{,}82$ an, der Wert einer Platte bei gleichem Versperrungsverhältnis ist $c_{wd} = 1{,}92$.

3.23 Gesamt- und Reibungswiderstandsbeiwert

Der Gesamtwiderstand eines Körpers setzt sich aus Druck- (Form-) und Reibungswiderstand zusammen. Ein qualitatives Bild des Verlaufes des Reibungswiderstandes

* Die Messungen wurden von K. STARKE als Teil seiner Diplomarbeit durchgeführt.

kann aus den Wärmeübergangsverteilungen gewonnen werden, da Impulsaustausch durch Reibung und Wärmeaustausch analoge Vorgänge sind, die durch analog aufgebaute Differentialgleichungen beschrieben werden (entsprechend der Analogie zwischen Stoff- und Wärmeaustausch). Bei quer angeströmten Körpern ist der Reibungswiderstand gegenüber dem Formwiderstand sehr klein. Er wird meist aus der Differenz von Gesamt- und Druckwiderstand ermittelt.

Zur Bestimmung des Gesamtwiderstandes mißt man entweder die Kraft, die die Strömung auf den Körper ausübt, mittels einer Waage oder durch Aufnahme der Geschwindigkeitsverteilung hinter dem Körper den Impulsverlust, den die Strömung durch den Körper erfährt.

Beeinflussen keine Kanalwände die Strömung um den Körper, dann genügt für die letztere Methode nach BETZ [24] die Vermessung der Nachlaufschleppe. Bei Kanalströmungen setzt sich der gemessene Impulsverlust aus dem Verlust durch den Körper und aus Verlusten an der Kanalwand zusammen. Unter Voraussetzung, daß sich durch den Einbau des Körpers in den Kanal die Wandverluste nicht ändern, können diese durch einen Nullversuch im Kanal ohne eingebaute Meßkörper ermittelt werden.

Nach diesem Verfahren wurde für die senkrechte Anströmung der Gesamtwiderstandsbeiwert gemessen. Es ergab sich ein Wert von $c_w = 2,32$, gültig für das Versperrungsverhältnis 1:10. Wird dieser nach den früheren Angaben umgerechnet, dann erhält man $c_w = 2,04$. Dieser Wert stimmt gut mit dem von WIESELSBERGER [23] angegebenen $c_w = 2,03$ und den Messungen von LINDSEY (s. Abb. 6), wo $c_w = 2,09$ wird, überein. Für den Reibungswiderstandsbeiwert ergibt die Differenzbildung im vorliegenden Bereich der Reynoldszahlen $c_{wr} = 0,16$. Eine zu erwartende Abhängigkeit von der Reynoldszahl konnte bei der erreichbaren Meßgenauigkeit nicht nachgewiesen werden. Bei quer angeströmten Zylindern wurden dagegen kleinere Werte gemessen [34].

4. Theoretische Behandlung

Die Berechnung der Wärmeübergangsverhältnisse aus Lösungen der beschreibenden Differentialgleichungen für das Geschwindigkeits- und Temperaturfeld mit den vorgegebenen Randbedingungen ist praktisch nur bei nicht abgelöster, laminarer Strömung im stationären Fall möglich. Dann können die Gleichungen auf die Prandtlschen Grenzschichtgleichungen vereinfacht werden, für die spezielle Lösungen (sogenannte »ähnliche« Lösungen) vorliegen. Für die Umströmung von Körpern bedeutet dies, daß theoretische Aussagen nur für die unmittelbare Umgebung des vorderen Staupunktes gemacht werden können, bevor die Strömung umschlägt. Da die Strömungen zudem bezüglich der Staupunktsstromlinie symmetrisch sein müssen, können hier nur die Ergebnisse für die Winkelstellungen 0 und 45° überprüft werden.

Das Lösungsverfahren stammt von ECKERT [25] und ECKERT und LIVINGOOD [26]. Es geht davon aus, daß sich die Geschwindigkeit längs einer Körperwand vom Staupunkt aus durch

$$U = C x^m \qquad (25)$$

mit $U =$ Strömungsgeschwindigkeit am Rande der Grenzschicht, C und m als Konstanten, darstellen läßt. Solche Strömungen können durch konforme Abbildung auf einen Keil mit dem Keilwinkel $\pi\beta = 2 m/(m + 1)$ abgebildet werden. Daraus folgen dann Lösungen der Grenzschichtgleichungen für quer angeströmte Körper mit beliebiger Geometrie. Einzelheiten der Rechnung sollen hier übergangen werden. Voraussetzung für die Berechnung ist, daß der Geschwindigkeitsgradient dU/dx längs der Körperberandung aus Rechnungen oder Versuchen bekannt ist. Dieser kann unter der Annahme, daß der Druck in der Grenzschicht in Normalenrichtung zur Körperoberfläche konstant bleibt und von der Strömung außerhalb der Grenzschicht aufgeprägt wird (dies ist eine Voraussetzung der Grenzschichttheorie [27]), aus den gemessenen Druckverteilungen durch Anwendung der Bernoullischen Gleichung

$$U = u_0 \sqrt{1 - c_i} \qquad (26)$$

gewonnen werden. Die so ermittelten Geschwindigkeitsverteilungen am Rand der Grenzschicht für die Anströmwinkel 0 und 45° zeigt die Abb. 33. Die Werte für 0° stimmen mit der von Sogin und Burkhard mitgeteilten Verteilung auf der Vorderseite des von ihnen vermessenen Rechteckkörpers überein. Sie folgen bis $x/L = 0,4$ der Gleichung

$$\frac{U}{u_0} = 1,2 \frac{\left(\frac{x}{L}\right)}{\sqrt{1 - 3\left(\frac{x}{L}\right)^2}} \qquad (27)$$

Die dimensionslosen Wärmeübergangszahlen in Abhängigkeit von x/L werden, vom Staupunkt ausgehend, durch Lösung der Grenzschichtgleichungen nach dem Isoklinenverfahren [28] berechnet. Die Ergebnisse dieser Berechnungen für die Winkelstellungen 0 und 45° und die entsprechenden Meßergebnisse aus den Sublimationsversuchen (ausgefüllte Punkte) zeigen die Abb. 34 und 35.

Für die Staupunktsströmung bei $\varphi = 0$ läßt sich die Verteilung nach einer Näherungslösung von Merk [29] durch

$$\frac{\mathrm{Nu}}{\sqrt{\mathrm{Re}}} = 1,2 \frac{\left(\frac{x}{L}\right) E_0}{0,895 \, z \sqrt{1 - z}} \qquad (28)$$

mit $E_0 = 0,496 + 0,1 \, (x/L)^2$ für Luftströmung und $z = \sqrt{1 - 3\left(\frac{x}{L}\right)^2}$ darstellen.

Diese Gleichung ist in Abb. 34 enthalten. Außerdem sind noch die Ergebnisse der Wärmeübergangsmessungen auf der Vorderseite des Rechtkantes von Sogin und Burkhard eingetragen.

Nach der Staupunktstheorie ist der Ausdruck $\mathrm{Nu}/\sqrt{\mathrm{Re}}$ von Re unabhängig, was durch die Versuche in etwa bestätigt wird. Auf die Abweichungen der Messungen am Rechtkant wird noch eingegangen.

Für die Winkelstellung 45° ist die Übereinstimmung zwischen Rechnung und Versuch nicht so gut, obwohl auch hier der qualitative Verlauf übereinstimmt. Vor allem zeigen die Ergebnisse eine Abhängigkeit von Re, wobei der Ausdruck $\mathrm{Nu}/\sqrt{\mathrm{Re}}$ mit steigender Re-Zahl abnimmt. Auch für diese Abweichungen wird im folgenden die wahrscheinliche Erklärung angegeben.

Zum Abschluß soll noch vermerkt werden, daß für die Rechnung bei der Anströmung unter 45° im Staupunkt eine endliche Grenzschichtdicke (entsprechend einem endlichen Krümmungsradius der Kante, für den dann wie bei senkrechter Anströmung gerechnet wird) angenommen wird, obwohl die Staupunktstheorie bei scharfen Kanten

(Krümmungsradius 0) die Grenzschichtdicke Null und damit die Wärmeübergangszahl unendlich fordert. Da aber über die Krümmung nichts bekannt ist, ist die Annahme nur angenähert zu treffen. Diese Annahme wird durch die gesamte Verteilungsrechnung mitgenommen.

Eine weitere Einschränkung liegt darin, daß der Ausdruck dU/dx durch grafische Differentiation der Geschwindigkeitsverteilung für 45° in Abb. 33 erhalten wird. Da hier kein unmittelbarer Ausdruck in Anlehnung an die Potentialtheorie wie für 0° folgt, ist nur der grafische Weg möglich. Von dieser Beeinträchtigung der Genauigkeit des Rechenverfahrens kann man annehmen, daß sie sich auf die absolute Höhe stärker auswirkt als auf den Verteilungsverlauf.

5. Scheibenmessungen

Zur weiteren Überprüfung der Genauigkeit der mit dem Analogieverfahren erzielten Ergebnisse werden Messungen herangezogen, die an einer Kreisscheibe bei räumlicher Staupunktsströmung angestellt wurden. Für diesen Fall ist eine theoretische Berechnung der Verteilung der örtlichen Wärmeübergangszahlen möglich. Außerdem liegen Versuchsergebnisse anderer Autoren vor.

5.1 Versuchseinrichtung

Die Messungen erfolgen in der gleichen Weise wie beim Prisma beschrieben. Die Scheibe hat ebenfalls eine kennzeichnende Längenabmessung von $D = 100$ mm. Sie ist im Windkanal so aufgehängt, daß die freie Anströmung durch die Haltevorrichtung nicht gestört wird. Die zur Rechnung nötige Druckverteilung an der Oberfläche wird an einer Scheibe mit den gleichen Abmessungen aus Acrylglas bestimmt. Als Meßgeräte dazu dienen wieder Mikromanometer bzw. Kleindruckhebelwaage nach BETZ. Die daraus mit Gl. (26) gerechnete Geschwindigkeitsverteilung an der Plattenoberfläche zeigt Abb. 33.

5.2 Ergebnisse und Vergleich mit der Theorie

Die theoretische Lösung der Wärmeübergangsverteilung für die senkrechte Staupunktsströmung an einer Scheibe kann aus den Lösungen für eine ebene Keilströmung mit $\pi\beta = \pi/2$ durch eine Transformation nach MANGLER [30] gewonnen werden. Der Vergleich zwischen Rechen- und Meßwerten (ausgefüllte Punkte) in Abb. 36 zeigt, daß die gemessenen Kurven in der Tendenz, nicht aber in der absoluten Höhe die theoretische Rechnung bestätigen. Die gemessenen Werte für $Nu/\sqrt{Re}$ liegen niedriger als die theoretischen. Gleichfalls liegen sie tiefer als in einem direkten Wärmeübergangsversuch gefundene Werte von KOH und HARTNETT [31], die ihrerseits höher als die theoretischen Werte liegen. Der integrale Mittelwert der Wärmeübergangszahl über die Plattenfläche liegt ebenfalls niedriger als der von SOGIN [8] in Sublimationsversuchen mit Naphthalin gefundene. Eine Deutung der Abweichung wird im nächsten Abschnitt gegeben.

Weiterhin zeigen die Ergebnisse die bereits beschriebene Erscheinung, daß der Ausdruck $Nu/\sqrt{Re}$ mit zunehmender Re-Zahl der Anströmung etwas absinkt.

6. Unbekannte Einflußgrößen

6.1 Exponent n der Lewis-Zahl

Das Verhältnis von Wärme- zu Stoffübergang ergibt sich nach Gl. (12) zu

$$\frac{\alpha}{\beta} = \varrho\, c_p (\text{Le})^{1-n} \tag{12}$$

Darin sind ϱ, c_p und Le Stoffwerte bzw. Stoffwertkombinationen, die sich – vor allem für das System Naphthalin–Dampf–Luft – aus Handbüchern beschaffen lassen.
Große Schwierigkeiten bereitet dagegen der Exponent n. Dieser kann Werte zwischen 0 und 1 annehmen [32]. Aus der Theorie für die laminare Strömungsform folgt ein Exponent $n = 1/3$. Dieser hat sich auch bei Wärmeübertragung in turbulenter Strömung für Pr > 10 bewährt. Allerdings ist dieser Exponent von Pr selbst abhängig. Für Pr ≪ 1 wird $n = 0{,}8$ angegeben. Es ist daher naheliegend, für die vorliegenden Versuche einen Zwischenwert $1/3 < n < 0{,}8$ zu wählen. Die in Lehr- und Handbüchern angegebenen Werte im Bereich der turbulenten Strömung liegen heute bei $n = 0{,}4 \div 0{,}44$. Der Wert 0,44 wurde neuerdings von Presser [11] in vergleichenden Versuchen mit direktem Wärmeübergang, sublimierendem Naphthalin und aus porösen Oberflächen verdunstendem Wasser bestätigt. Gegenüber den genannten Werten scheint der in der Handhabung einfachere $n = 0{,}5$, den Mizushina und Nakajima [15] für Pr- und Sc-Zahlen von 0,5 bis 2,5 vorschlagen, bei der herrschenden Unsicherheit in gleicher Weise berechtigt zu sein. Für das Naphthalin-Luft-Gemisch ist Pr = 0,7 und Sc = 2,5 (ergibt Le = 3,5), woraus eine Differenz für die mit $n = 0{,}5$ und $n = 0{,}4$ umgerechneten Wärmeübergangszahlen von etwa 13% auftritt.
Auffallend ist, wie schon erwähnt, daß bei der Scheibenmessung die gemessenen Wärmeübergangsverteilungen wesentlich niedriger liegen, als theoretische Ergebnisse und experimentelle Ergebnisse anderer Autoren erwarten lassen. Folgert man, daß bei der Staupunktsströmung eine laminare Anlaufströmung vorliegt und rechnet dann die Stoffübergangsergebnisse entsprechend der obigen Bemerkungen mit $n = 1/3$ um (die Differenzen gegenüber $n = 0{,}5$ betragen hierbei ca. 25%), dann liegen die neuen Werte (leere Punkte) zwar über den theoretischen, stimmen aber mit den fremden Meßergebnissen überein, wie Abb. 36 zeigt. Ebenso lassen sich die Messungen am Prisma für $\varphi = 0$ mit den Ergebnissen von Sogin und Burkhard an der Vorderseite des Rechtkantes zur Deckung bringen, Abb. 34 (leere Punkte). Schließlich ergeben auch die Messungen der mittleren Wärmeübergangszahl an der Kreisscheibe von Sogin (Nu$/\sqrt{\text{Re}} = 0{,}864$) gute Übereinstimmung mit der hier ermittelten: Nu$/\sqrt{\text{Re}} = 0{,}897$ (Re = 46400) und Nu$/\sqrt{\text{Re}} = 0{,}91$ (Re = 19840).
Eine Vergrößerung des Wärmeüberganges über die theoretischen Werte wird auch erklärt, wenn man Untersuchungen über den Einfluß des Turbulenzgrades auf den Wärmeübergang bei Strömungen mit negativem Druckgradient heranzieht (nächster Abschnitt). Es scheint daher zumindest im Bereich der Staupunktsströmung angebracht, einen Exponenten $n = 1/3$ zu verwenden. Die umgerechneten Ergebnisse für $\varphi = 45°$ sind in Abb. 35 (leere Punkte) dargestellt.
Ob dies auch für die anderen Anströmrichtungen zutrifft, oder ob der Exponent je nach den vorliegenden Strömungszuständen an den verschiedenen Seiten unterschiedlich anzusetzen ist, ist erst durch vergleichende Wärme- und Stoffübergangsmessungen zu entscheiden.

6.2 Turbulenzgrad

KESTIN, MAEDER und SOGIN [33] weisen in einer experimentellen Untersuchung nach, daß turbulente Störungen der freien Anströmung einen starken Einfluß auf beschleunigte, laminare Grenzschichten (mit negativem Druckgradienten in Strömungsrichtung), wie sie an der Vorderseite von umströmten Körpern auftreten, ausüben. Dieser ist dagegen bei Grenzschichten mit $dp/dx = 0$ (Strömung an ebenen Platten) nicht nachweisbar. Eine physikalische Erklärung dieser Erscheinungen, die nicht durch frühzeitiges Turbulentwerden der Grenzschicht erklärt werden können, steht noch aus*.

Der Befund von KESTIN und Mitarbeitern ist der, daß ein Einfluß auf den Reibungsdruckverlust nicht in dem Maße wie auf den Wärmeübergang auftritt. Bei der Umströmung eines Kreiszylinders liegt im Staupunkt für $Tu = 3\%$ und Re der freien Anströmung $= 2,2 \cdot 10^5$ die Wärmeübergangszahl um 80% höher als nach der theoretischen Rechnung, für $Tu = 1\%$ und $Re = 1,4 \cdot 10^5$ um 34% höher.

Der Turbulenzgrad Tu wird durch die Geschwindigkeitsschwankungen u', v' und w' in den drei Koordinatenrichtungen definiert:

$$\mathrm{Tu} = \sqrt{\frac{1}{3} \frac{\overline{u'^2} + \overline{v'^2} + \overline{w'^2}}{u_0^2}} \qquad (29)$$

Die Querstriche deuten darauf hin, daß von den Schwankungsgeschwindigkeiten jeweils die zeitlichen Mittelwerte zu nehmen sind. Der Einfluß dieser Größe auf Windkanaluntersuchungen an Strömungsprofilen ist bekannt. So ist eine einwandfreie Übertragung von Modellmessungen auf Großausführungen nur möglich, wenn der Windkanalturbulenzgrad $Tu < 0,05\%$ ist.

In dem benutzten Windkanal beträgt Tu im Bereich der freien Anströmung 1%. Hierfür lassen sich aus den Ergebnissen von KESTIN und Mitarbeitern am Kreiszylinder die Steigerungen erklären, die in den vorliegenden Versuchen über den rechnerischen Wert erzielt wurden. Eine Abhängigkeit $Tu = f(Re)$ war meßtechnisch nicht festzustellen. Trotzdem ist zu erwarten, daß am Einlaufgitter des Windkanals Schwingungen erzeugt werden, deren Frequenz mit zunehmender Geschwindigkeit zunimmt, deren Amplitude aber abnimmt. Eine Einrichtung zur Dämpfung dieser Schwingungen besitzt der Windkanal nicht. Da in den Turbulenzgrad nur die Amplitude, nicht die Frequenz der Schwankungen eingeht, muß Tu mit steigendem Re etwas abnehmen. Bei dem großen Einfluß von Tu auf den Wärmeübergang läßt sich daraus die Erscheinung, daß der Ausdruck $Nu/\sqrt{Re}$ mit steigendem Re abnimmt, ganz gut erklären.

Bei den Untersuchungen von KOH und HARTNETT lag Tu in der gleichen Größenordnung wie im hiesigen Windkanal. Die gute Übereinstimmung der Ergebnisse dieser Autoren und der von SOGIN an der Platte mit den vorliegenden, unter Benutzung von $n = 1/3$ bei der Umrechnung gewonnenen Ergebnisse erlaubt, in Verbindung mit den Ergebnissen von KESTIN und Mitarbeitern sowie SOGIN und BURKHARD am Rechtkant, den Schluß, daß die aus der Sublimationsmethode erhaltenen Wärmeübergangsergebnisse eine gute Genauigkeit haben, die nur durch die nicht genau bekannten Einflußgrößen n und Tu eingeschränkt wird.

Meßergebnisse über die Beeinflussung des Wärmeübergangs im abgelösten Gebiet durch den Turbulenzgrad der Anströmung liegen bislang nicht vor. Allerdings ist eine solche auch nicht zu erwarten.

---

* Den Versuch einer Deutung unternahm kürzlich J. KESTIN in einem Diskussionsbeitrag zur Arbeit G. JUNKHAN und G. SEROVY, Effects of Free-Stream Turbulence and Pressure Gradient on Flat-Plat Boundary-Layer Velocity Profiles and on Heat Transfer. Trans. ASME, J. Heat Transfer 89 (1967), 169–176.

6.3 Räumliches Problem

Anders als bei den hier durchgeführten Versuchen treten an Gebäuden dreidimensionale Strömungen auf. Dadurch wird auch das Temperaturfeld verändert. Eine Übertragung scheint daher nur auf hohe Türme möglich, wenn der interessierende Fassadenteil weit genug von der Oberkante des Gebäudes und vom Erdboden entfernt ist.

Aus einem Vergleich von Messungen und Rechnungen an Prisma und Scheibe in Abb. 37 ist aber zu entnehmen, daß die Verhältnisse bei der ebenen Strömung recht gut denen bei der räumlichen Strömung entsprechen und sich daher zur qualitativen Deutung von Erscheinungen bei der Umströmung von Gebäuden eignen.

Es zeigt sich, daß bei der räumlichen Strömung an der Scheibe die örtliche Nu-Zahl im Staupunkt höher liegt als bei der ebenen Strömung am Prisma. Dagegen ist der Geschwindigkeitsgradient in radialer Richtung etwas kleiner (Abb. 33), wie es bei einem Körper, bei dem die Strömungsdurchtrittsfläche mit dem Abstand vom Staupunkt größer wird, nach der Kontinuitätsbedingung auch sein muß. Dementsprechend steigt der Ausdruck $Nu/\sqrt{Re}$ mit steigendem d/D nur schwach an. Erst ab einem Wert $d/D \approx 2/3$ erfolgt der starke Anstieg zu den Kanten. Hier liegt $Nu/\sqrt{Re}$ mit ca. 1 in der gleichen Größenordnung wie der Wert beim Prisma, so daß aus den Modellmessungen bessere Aussagen über das Verhalten an den Kanten zu erwarten sind als über das in der Umgebung des Staupunkts.

7. Übertragung der Ergebnisse auf die Verhältnisse an Fassaden

Die Ergebnisse zeigen eine starke Abhängigkeit der Wärmeübergangszahlen, der örtlichen wie der mittleren, von der Richtung des Windes unter der die Meßseite angeströmt wird.

Die örtlichen Wärmeübergangszahlen steigen zu den Ecken hin an, was aus dem Verhalten der Strömung in Kantennähe erklärt werden konnte. Im Winterbetrieb wird der Wärmehaushalt eines Gebäudes fast ausschließlich durch den konvektiven Wärmeverlust bestimmt, wobei hier oft besonders hohe Windgeschwindigkeiten auftreten, während der Einfall an Sonnenstrahlungsenergie nur geringe Bedeutung hat. Die größten Wärmeverluste treten also bei Gebäuden in Eckräumen auf. Die Modellversuche zeigen, daß für diese Stellen die örtlichen Wärmeübergangszahlen die mittleren Werte um mehr als die Hälfte übersteigen können. Heizungsanlagen, mit mittleren Werten dimensioniert, können bei ungünstigen Voraussetzungen die an sie gestellten Anforderungen nicht mehr erfüllen. In DIN 4701 wird nun ein Zuschlagfaktor z_A zum Ausgleich kalter Außenflächen und der Ecklage von Räumen angegeben. Dieser berücksichtigt aber nur, daß Eckräume mehr Begrenzungsflächen aufweisen, die unmittelbar mit der kalten Außenluft in Berührung kommen, nicht aber, daß diese Räume durch größere Wärmeübergangszahlen auch größere Wärmeverluste haben.

Nun bestimmt nicht α_a allein den Wärmeverlust von Räumen, sondern die Wärmedurchgangszahl, k-Zahl, gebildet aus äußerer und innerer Wärmeübergangszahl und dem Wärmedämmwert der Fassade. Daher fielen Abweichungen der äußeren Wärmedurchgangszahl vom Mittelwert bislang nicht weiter ins Gewicht, weil die Gebäude massiv gebaut waren und mit relativ geringem Fensterflächenanteil ausgestattet wurden. Heute dagegen werden Fassaden mit hohem Glasflächenanteil erstellt. Hier ist die

Wärmedämmung nur gering, und die Wärmeübergangszahlen auf der Außenseite und der Innenseite gewinnen an Einfluß. Legt man für eine solche Glasfassade die Werte nach DIN 4701 zugrunde (Mittelwert von $\alpha_a = 20$ kcal/m²h grd, $\alpha_i = 7$ kcal/m²h grd und der Wärmedämmwert von Glas $= 1,4$ m h grd/kcal), dann vergrößert sich die k-Zahl, wenn der Mittelwert von α_a um 50% vergrößert wird, um etwa 10%. Man sieht, daß die Änderung durchaus nicht vernachlässigbar ist. Denn wegen der ungünstigen Auswirkung großer Raumumschließungsflächen mit niedriger Temperatur auf die Behaglichkeit, wiegt eine Fehlauslegung schwerer als es einer Unsicherheit von 10% entsprechen sollte.

Im Winkelbereich $45° < \varphi < \sim 75°$ liegt das Maximum überraschenderweise nicht in der Kante, sondern etwas verschoben, wobei der Kantenabstand eine Funktion des Anströmwinkels ist. Auch hier übersteigt die Höhe des Maximums den mittleren Wert über die Fassade im genannten Maße. Für Winkel $\varphi = 180°$, also im vollen Windschatten senkrecht angeströmter Gebäude, tritt neben den Kanten eine Erhöhung der Wärmeverluste in der Fassadenmitte auf.

Im Hinblick auf die räumliche Strömung an Fassaden zeigt die Betrachtung der Untersuchungen an der Kreisscheibe, daß auch zur Dachkante hin die äußeren Wärmeübergangszahlen ansteigen. Daher müssen für Räume, die unter dem Dach liegen, bei der Dimensionierung der Heizungsanlage ähnliche Überlegungen angestellt werden, wie für die Eckräume.

Im Sommerbetrieb heizt sich die von der Sonne bestrahlte Fassade auf ein Temperaturniveau auf, das über dem der umgebenden Luft liegt. Bereits bei Windstille gelangt daher nicht der an der Fassade absorbierte Gesamtenergiestrom ins Innere des Gebäudes, vielmehr wird ein Teil durch den sich natürlich entwickelnden Konvektionsstrom an die Umgebungsluft abgeführt. Bei aufkommendem Wind wird die Wärmeübergangszahl gewöhnlich vergrößert und damit der Wärmeeinfall weiter vermindert. Von Untersuchungen an Hitzdrahtanemometern ist bekannt, daß beim Zusammenspiel von freier und erzwungener Konvektion der Wärmeübergang mit ansteigender Anströmgeschwindigkeit zunächst bis zu einem Minimum absinkt und erst dann wieder ansteigt. Ein solches Verhalten ist auch bei der Umströmung von Gebäuden möglich. Der Wert im Minimum wäre dann derjenige, der zur Berechnung des Wärmeeinfalls zu benutzen wäre. Es ist daher nicht nur von Bedeutung, an welcher Stelle sich bei Windanfall für eine bestimmte Anströmung das Minimum des Wärmeübergangs einstellt, sondern auch, wie die freie Konvektion durch den Wind beeinflußt wird. Hierüber ist aber bislang nichts bekannt.

Für gewöhnlich wird man in erster Näherung für die Dimensionierung von Klimaanlagen die Wärmeübergangszahl benutzen, die sich bei natürlicher Konvektionsströmung einstellen würde. Ist diese aber gegenüber der erzwungenen Konvektion vernachlässigbar klein, was für manche geografische Lagen (etwa in Küstennähe oder an Berghängen) meist vorausgesetzt werden kann, dann liegt im Bereich der luvseitigen Anströmung ($0 < \varphi < \sim 75°$) das Minimum der Wärmeübergangszahlen nahezu konstant in der Fassadenmitte. Für größere Winkel rückt es dagegen zur in Strömungsrichtung vorn liegenden Kante. Auf der Rückseite des Gebäudes treten zwei Minima, jeweils zwischen Kante und Mitte der Fassade, auf.

Das Verhalten des mittleren Wärmeüberganges über eine Fassadenseite in Abhängigkeit vom Anströmwinkel ist durch zwei unterschiedliche Bereiche geprägt: Wärmeübergang auf der dem Wind zugekehrten Seite und Wärmeübergang im Windschatten. Der Übergang von einem zum anderen Bereich fällt mit dem Ende des Bereiches 2) zusammen, liegt also etwa bei 75°. Er ist gekennzeichnet durch eine starke Vergrößerung der Wärmeübergangszahlen gegenüber dem luvseitigen Anströmbereich. Auf der Leeseite oder auch bei tangentialer Anströmung (diese Seite ist für den Wärmeübergang der Leeseite zuzurechnen) haben die Fassaden somit bedeutend größere Wärmeverluste zu verzeichnen. Diese Schlußfolgerung aus den Modellversuchen deckt sich mit den Ergebnissen der Messungen am Hochhaus (vgl. Abb. 1). Auch hier liegen die Meßpunkte für vorwiegend tangentiale Anströmung trotz der starken Streuungen klar erkennbar über denen für vorwiegend Anströmung von vorn.

Quantitativ stimmen die Ergebnisse der Modellversuche mit den Messungen am Original allerdings nicht überein. Da die Messungen am Hochhaus in Dachnähe ausgeführt wurden, müßte dort der Wert für Kantennähe, also unabhängig von der Re-Zahl $Nu/\sqrt{Re} \approx 1$ sein. Die Auswertung der Ergebnisse für vorwiegend senkrechte Anströmung in folgender Tabelle zeigt nicht nur, daß $Nu/\sqrt{Re}$ fast fünfmal größer ist als in den Modellversuchen, sondern auch eine deutliche Abhängigkeit von Re.

u_m m/s	α_a kcal / m² h grd	Re 10^{-6}	Nu 10^{-3}	$Nu/Re^{1/2}$	$Nu/Re^{2/3}$
3,5	15	2,8	7,2	4,3	0,36
5	19	4	9,1	4,6	0,36
6,5	23	5,2	11,1	4,9	0,37
8	25	6,4	12	5,4	0,35

($L = 12$ m; $\nu = 15 \cdot 10^{-6}$ m²/s; $\lambda = 0,025$ kcal/m h grd)

Dagegen ist der Ausdruck $Nu/Re^{2/3}$ nahezu konstant. Ein Exponent 2/3 entspricht turbulenter Strömung. An Häuserfassaden liegt also im Bereich der Staupunktsströmung (Bereich 1)) eine turbulente Grenzschicht vor, während sie bei den Modellversuchen laminar bleibt. Modellversuche, die quantitativ übertragbare Ergebnisse liefern sollen, erfordern zwar nach dem bisher Gesagten nicht die am Original auftretenden Re-Zahlen, jedoch so hohe, daß die am Versuchskörper auftretenden Grenzschichten turbulent werden.

Des weiteren erfordern solche Modellversuche Oberflächen der Versuchskörper, deren Rauhigkeit der am Original auftretenden geometrisch nachgebildet wird, da der Umschlag von laminarer zu turbulenter Grenzschicht durch Rauhigkeit stark beeinflußt wird. Hierunter wird nicht die Mikrorauhigkeit des Fassadenmaterials verstanden, sondern vielmehr die durch Mauervorsprünge und dergleichen hervorgerufenen Makrorauhigkeiten.

8. Zusammenfassung

Die Architektur bevorzugt heutzutage Fassaden mit großem Glasanteil. Glas hat aber nur eine geringe Wärmedämmwirkung, so daß das Klima im Innern des Gebäudes stärker durch die Außenbedingungen bestimmt wird. Es ist daher erforderlich, die die Beeinflussung kennzeichnenden Vorgänge genauer zu studieren. Hierzu gehört auch die Wärmeübergangszahl auf der Außenseite der Fassade α_a. Um deren Abhängigkeit von Windgeschwindigkeit und -richtung zu untersuchen, wurden schon früher Versuche an einem Hochhaus durchgeführt. Es zeigte sich aber, daß die Versuche nur geringen Aufschluß geben können, weil die Elimination des Einflusses unregelmäßig schwankender Umweltbedingungen nur unvollkommen gelingt. Die Deutung ist aber auch deshalb schwierig, weil über den Wärmeübergang an scharfkantigen Körpern ganz allgemein nur wenig bekannt ist.

Es wurden daher Versuche durchgeführt, die mit Blickrichtung auf den Wärmeübergang an glatten Gebäudefassaden bei Windanfall die Verhältnisse an einem quer angeströmten scharfkantigen Körper, zunächst für den Fall der ebenen Strömung, klären sollen. In einem Windkanal wird ein quadratisches Prisma mit der Kantenlänge $L = 100$ mm mit Luft angeströmt. Die die Anströmgeschwindigkeit kennzeichnende Re-Zahl, gebildet mit L als charakteristischer Abmessung, kann zwischen $10^4 < \text{Re} < 5 \cdot 10^4$ variiert werden. Das Prisma ist drehbar im Kanal angebracht, so daß eine Drehung der Windrichtung nachgeahmt werden kann. Der Winkel φ zwischen der Flächennormalen auf die wärmeabgebende Seite und der Hauptströmungsrichtung wird im Bereich $0 \leq \varphi \leq 180°$ verändert, womit vorausgesetzt wird, daß sich die Ergebnisse auf die anderen Winkel symmetrisch übertragen lassen.

In den Modellversuchen wird der Wärmeübergang durch Stoffübergang bei der Sublimation von Naphthalin in Luft nachgebildet. Hierbei wird von einer festen Schicht ein meßbarer Teil abgetragen. Durch punktweise Ausmessung des Abtragungsprofils der Naphthalinschicht kann die örtliche Stoffübergangszahl und damit die örtliche Wärmeübergangszahl in Abhängigkeit vom Kantenabstand in beliebig kleinen Schritten bestimmt werden. Die mittlere Stoff- und Wärmeübergangszahl ergeben sich, wenn man die mittlere Abtragung durch Wägung mißt. Die Umrechnung der Stoffübergangszahl in die Wärmeübergangszahl folgt aus der Analogie zwischen Wärme- und Stoffaustausch.

Die örtlichen Verteilungskurven der Wärmeübergangszahl zeigen bis auf zwei Ausnahmen Parabeln mit jeweils zu den Körperkanten ansteigenden Kurvenästen. Es entstehen drei Bereiche mit unterschiedlichen Kurvenformen, innerhalb derer die Verläufe aber ziemlich stabil sind:

1) Bereich $\quad 0 \leq \varphi \leq \quad 45°$: Staupunktsströmung mit Grenzschichtentwicklung
2) Bereich $\quad 45° < \varphi \leq \sim 75°$: Zusammenspiel von Grenzschichtbildung und Ablösung
3) Bereich $\sim 75° \leq \varphi \leq 180°$: Strömungsablösung

Die größten örtlichen Wärmeübergangszahlen treten in einem Maximum auf, das sich im vorderen Teil der wärmeabgebenden Seite bildet (von der Anströmkante aus), wenn diese sich im Bereich 2) befindet.

Der Verlauf der mittleren Wärmeübergangszahl über die wärmeabgebende Seite in Abhängigkeit vom Anströmwinkel läßt sich praktisch in zwei Bereiche aufteilen:

1. Wärmeübergang auf der dem Wind zugekehrten Seite ($0 \leq \varphi \leq 45°$). Hier sinkt die mittlere Wärmeübergangszahl mit zunehmendem Winkel leicht ab.
2. Wärmeübergang im Windschatten. Die Wärmeübergangszahlen liegen höher als bei luvseitiger Anströmung. Der Übergang von einem zum anderen Bereich erfolgt im Winkelbereich $45° < \varphi < 75°$. Hier treten auch die größten mittleren Wärmeübergangszahlen auf.

Für symmetrische Staupunktsströmungen bei $\varphi = 0°$ und $\varphi = 45°$ ergibt sich eine gute Übereinstimmung mit theoretischen Rechnungen auf Grund der Grenzschichttheorie. Die Diskrepanz der absoluten Größen der gemessenen und gerechneten Werte läßt sich aus dem Einfluß des Turbulenzgrades der freien Anströmung auf den Wärme- und Stoffübergang erklären. Sie wird von anderen Forschern in der gleichen Größenordnung angegeben. Meßergebnisse an einer senkrecht angeströmten Kreisscheibe stimmen mit Rechnung und Versuchen fremder Autoren ebenfalls gut überein.

Die theoretische Bestimmung der örtlichen Verteilung des Wärmeüberganges im Bereich der Staupunktsströmung erfordert die Kenntnis der Geschwindigkeitsverteilung an der Prismenberandung. Diese erhält man aus Messung des statischen Druckes an der Prismenoberfläche. Die Messung erlaubt ferner die Ermittlung des Formwiderstandsbeiwertes des Prismas; aus Impulsverlustmessungen im Windkanal folgt der Gesamtwiderstandsbeiwert des Prismas. Für die Anströmung $\delta = 0°$ ($\delta =$ Winkel, den die Flächennormale der Vorderseite des Prismas mit der Strömungsrichtung bildet) ist die Übereinstimmung mit Werten aus der Literatur für ähnliche Körper befriedigend.

Der quantitativen Übertragung der in den Modellversuchen gewonnenen Ergebnisse auf den Wärmeübergang an Fassaden stehen folgende Einschränkungen entgegen:

1. Die Messungen erfolgen bei Re-Zahlen, die wesentlich unter denen liegen, wie sie an Gebäuden auftreten. Daher werden die hier im Bereich der Staupunktsströmung auftretenden turbulenten Grenzschichten nicht erreicht. Aber auch im abgelösten Gebiet, in dem sich das Umströmungsbild infolge der festliegenden Ablösepunkte mit steigender Re-Zahl nicht mehr ändert und damit auch die charakteristische Form des Wärmeübergangsgesetzes nicht, ist nicht zu erwarten, daß sich aus den Versuchen dieses Gesetz so genau ermitteln läßt, daß eine Extrapolation ohne größere Fehler möglich wird.
2. Die Messungen erfolgen nur an glatten Flächen.
3. Über den in die Umrechnungsbeziehungen zwischen Wärme- und Stoffübergang eingehenden Exponenten n (n ist der in Wärmeübergangsgesetzen bei Pr auftretende Exponent) ist für die am umströmten Prisma auftretende Strömungsform zu wenig bekannt. Allerdings ist dieser Unsicherheitsfaktor, der von der Übertragung der Stoff- auf Wärmeübergangsergebnisse herrührt, gegenüber denen, die bei der Übertragung der Modellversuche auf Großausführungen auftreten, von untergeordneter Bedeutung.

Betrachtungen der Ergebnisse unter dem Gesichtspunkt der an stark verglasten Fassaden auftretenden Verhältnisse lassen erkennen, daß Heizungs- und Klimaanlagen, ausgelegt mit mittleren Wärmeübergangszahlen für die gesamte Fassade, leicht falsch dimensioniert werden können. Vielmehr muß für den Winterbetrieb den Eckräumen und den Räumen in Dachnähe sowie den Räumen auf der Leeseite (einschließlich tangentiale Anströmung) und im Sommerbetrieb den Räumen im Mittelteil der Fassade auf der Luvseite besondere Aufmerksamkeit gewidmet werden.

9. Abbildungsanhang

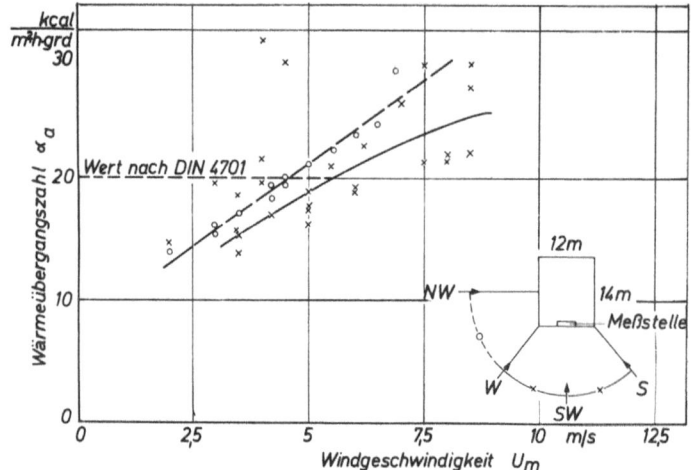

Abb. 1 Äußere Wärmeübergangszahl α_a aus Messungen an einem ca. 30 m hohen freistehenden Gebäude als Funktion der Windgeschwindigkeit und der Windrichtung; Windmesser 6 m über dem Dach
——————— bevorzugt senkrechte Anströmung der Meßfläche
– – – – – – – bevorzugt wandparallele Anströmung

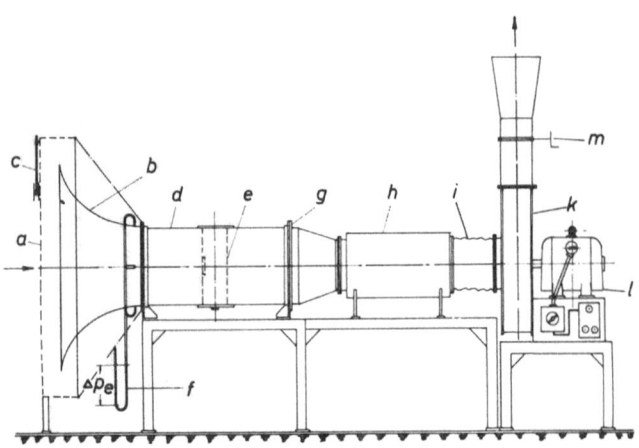

Abb. 2 Schematische Darstellung der Versuchseinrichtung zur Messung der Wärmeübergangsverteilung an prismatischen Modellen
    a Verteilungsgitter
    b Einlauftrichter (Lemniskate)
    c Luftthermometer mit Strahlungsschutz
    d Windkanal
    e Versuchskörper
    f Luftgeschwindigkeitsmessung
    g Staugitter
    h Schalldämpfer
    i elastisches Übergangsstück
    k Gebläse
    l Polumschaltbarer Motor
    m Drosselschieber

Abb. 3   Prismatisches Modell zur Messung der Wärmeübergangsverteilung im direkten Meßverfahren

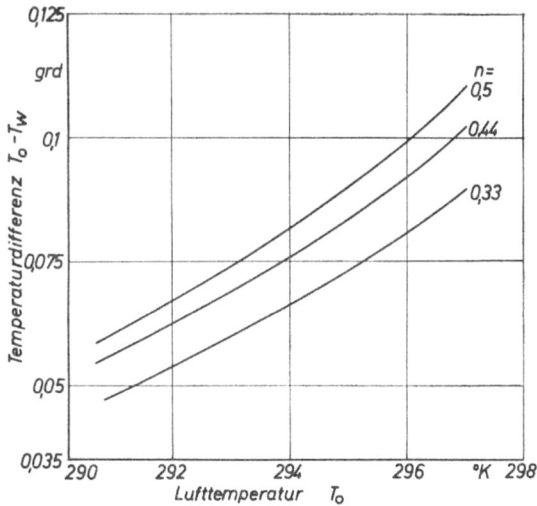

Abb. 4   Temperaturerniedrigung an der Oberfläche sublimierender Naphthalinschichten als Funktion der Temperatur der anströmenden Luft
Gesamtdruck 750 Torr, n = Exponent der Lewis-Zahl

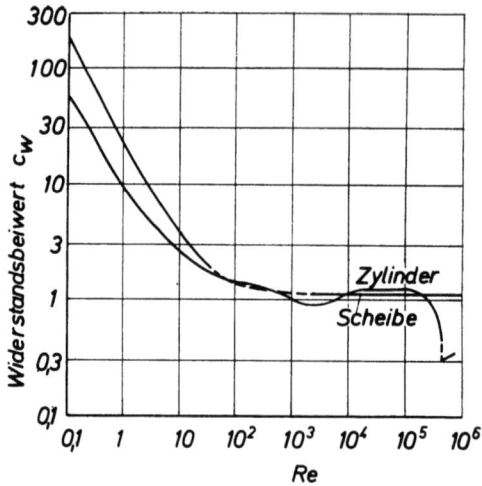

Abb. 5 Gesamtwiderstandsbeiwert c_w von Zylinder und Scheibe in Abhängigkeit von der Reynoldszahl [18]

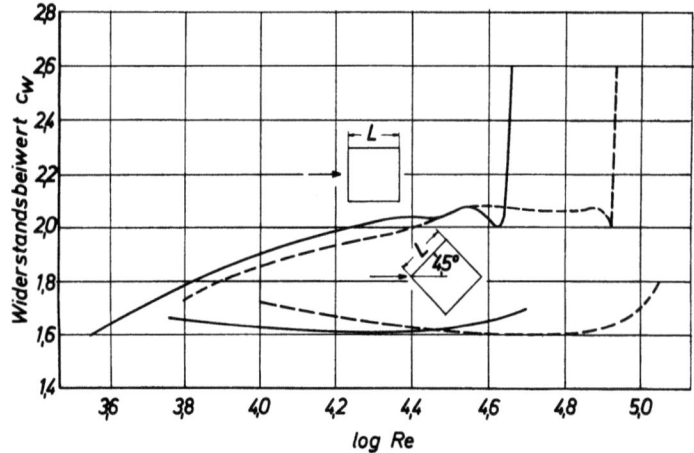

Abb. 6 Gesamtwiderstandsbeiwert c_w eines senkrecht zur Längsachse angeströmten Prismas in Abhängigkeit von der Reynoldszahl nach LINDSEY [19]
——————— $L = 3{,}2$ mm
‑ ‑ ‑ ‑ ‑ ‑ ‑ ‑ $L = 6{,}4$ mm

Abb. 7–20 Örtliche Nu-Zahl am Prisma, gebildet mit der Kantenlänge L als charakteristischer Abmessung, in Abhängigkeit vom Kantenabstand x für verschiedene Reynoldszahlen und Anströmwinkel

○ Re = 9920 □ Re = 19840
+ Re = 33100 △ Re = 46400
▽ Re = 53000

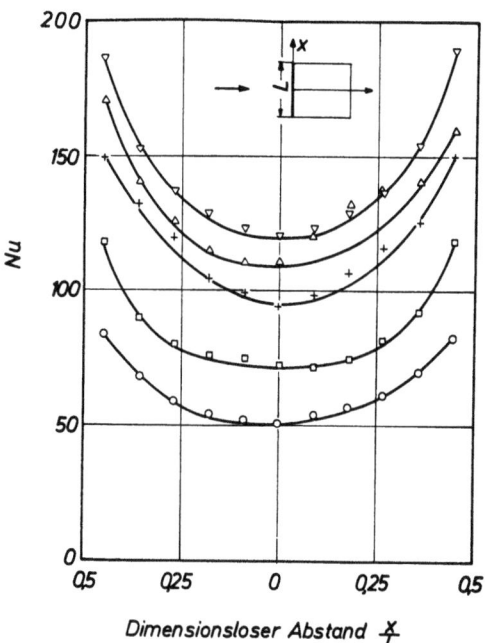

Abb. 7 $\varphi = 0$

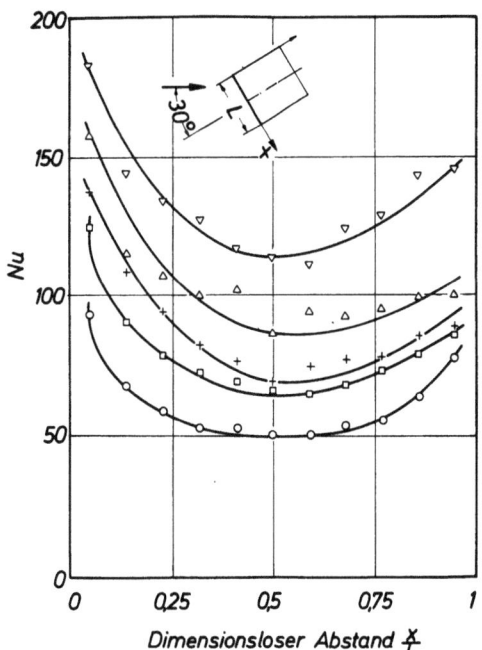

Abb. 8 $\varphi = 30°$

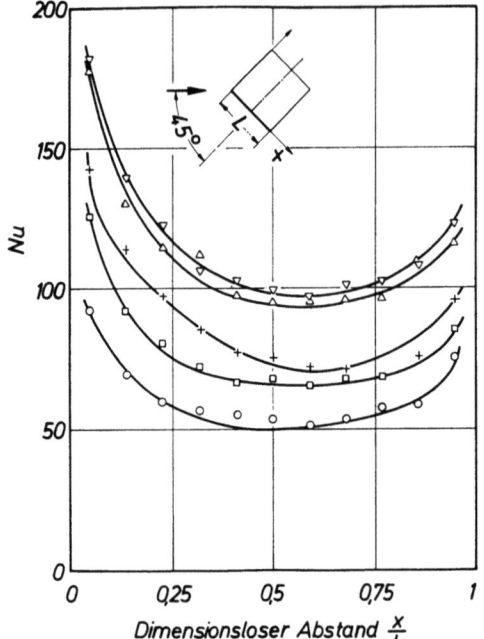

Abb. 9 $\varphi = 45°$

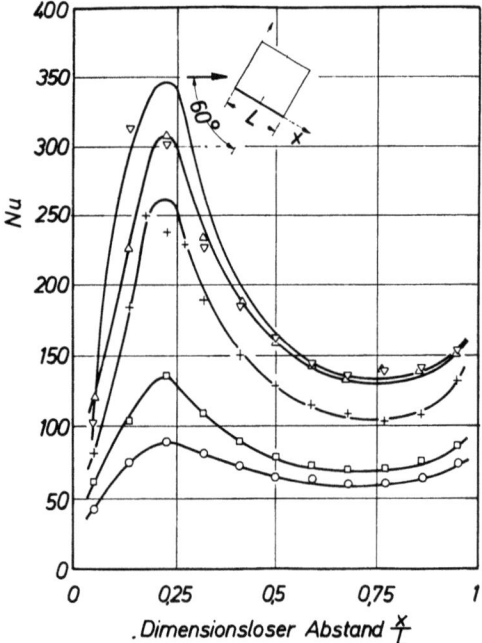

Abb. 10 $\varphi = 60°$

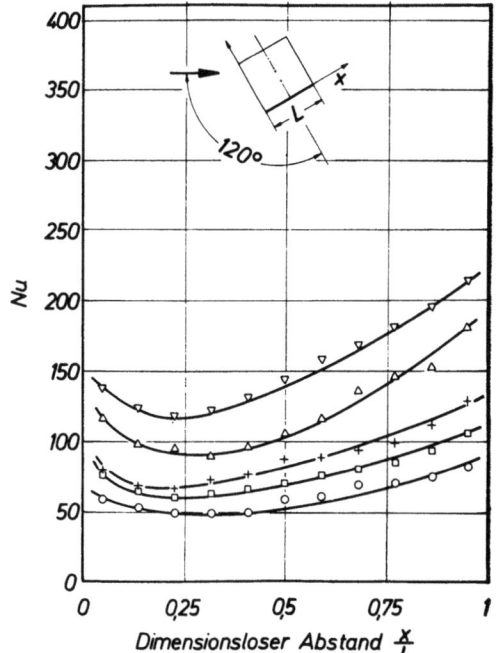

Abb. 11 $\varphi = 90°$

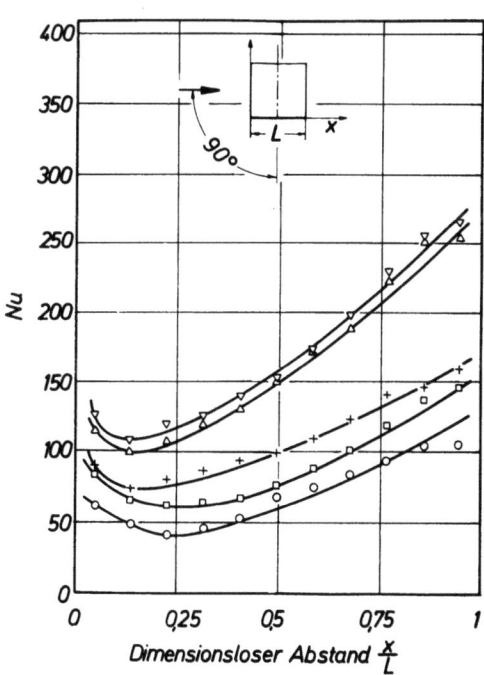

Abb. 12 $\varphi = 120°$

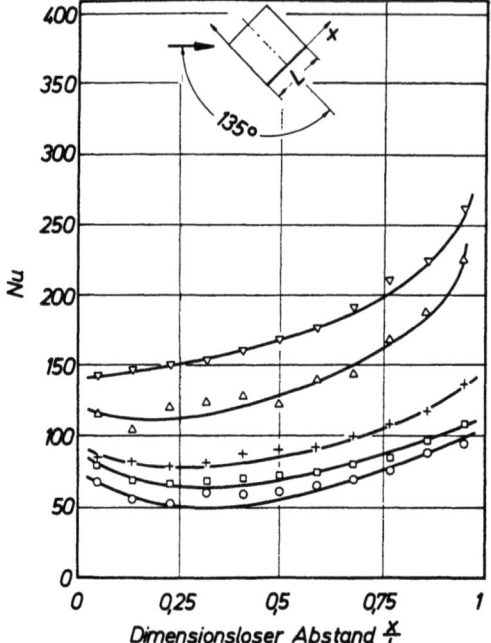

Abb. 13 $\varphi = 135°$

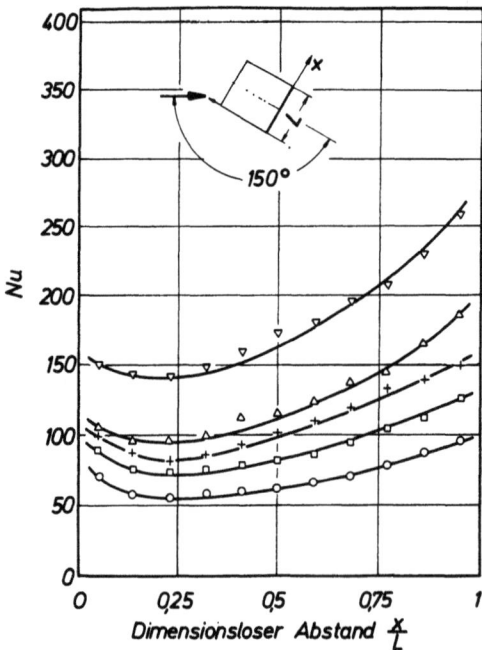

Abb. 14 $\varphi = 150°$

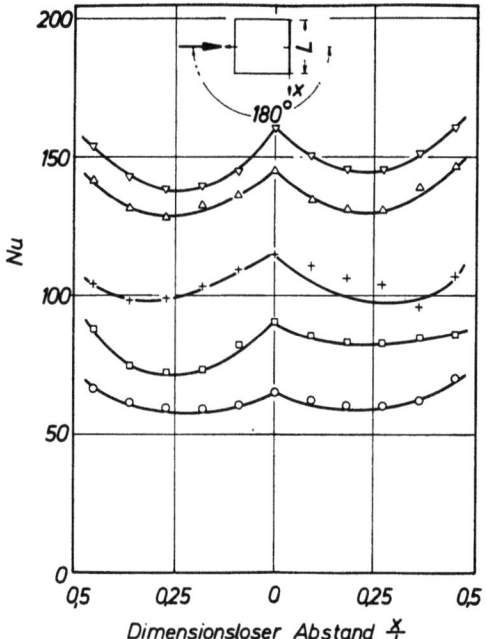

Abb. 15 $\varphi = 180°$

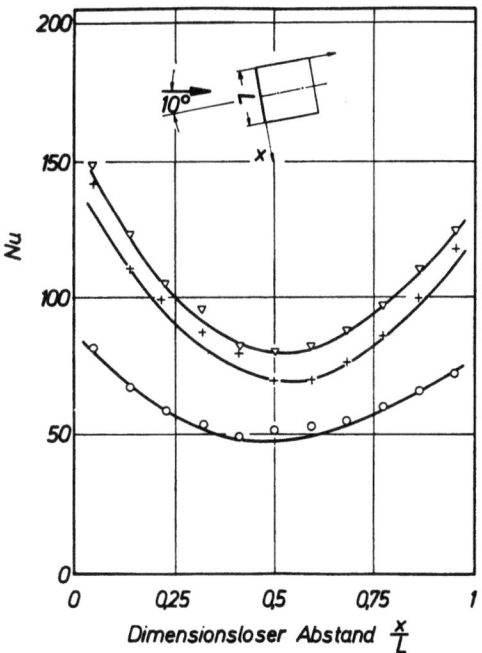

Abb. 16 $\varphi = 10°$

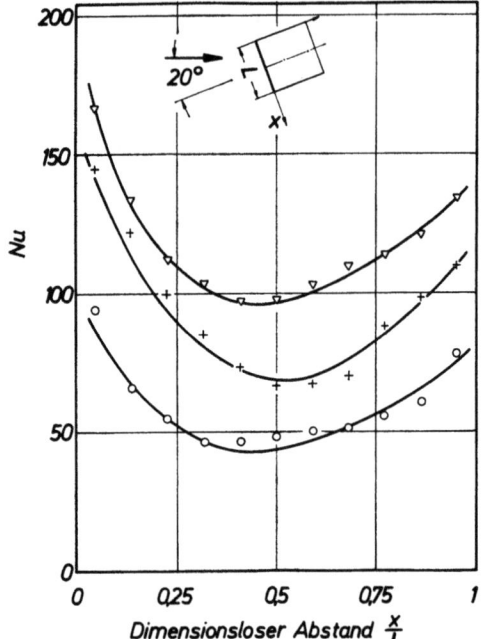

Abb. 17 $\varphi = 20°$

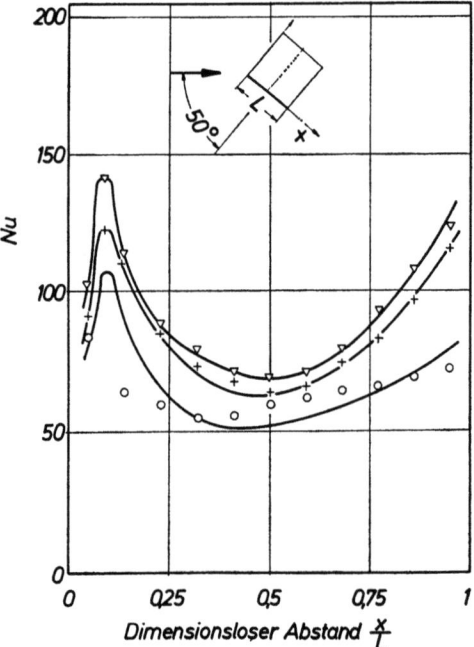

Abb. 18 $\varphi = 50°$

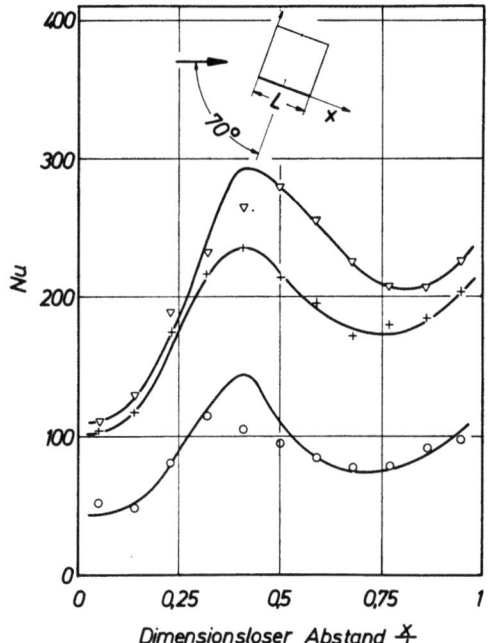

Abb. 19 $\varphi = 70°$

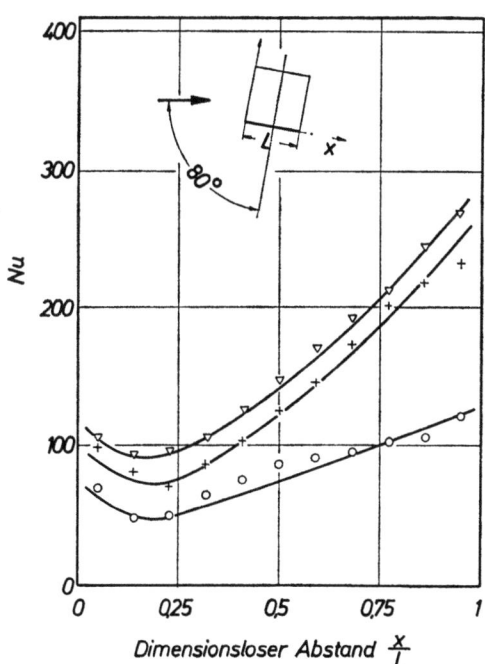

Abb. 20 $\varphi = 80°$

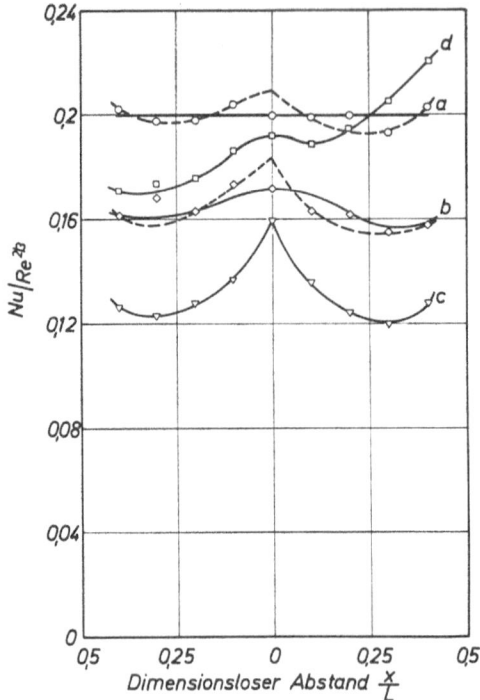

Abb. 21 Örtliche Wärmeübergangszahl $Nu/Re^{2/3}$ in Abhängigkeit vom Kantenabstand x/L für verschiedene Strömungsbedingungen nach SOGIN und Mitarbeitern (Erläuterungen s. Text)

Abb. 22–24 Umströmung eines quadratischen Prismas im Wasserkanal; $Re \approx 6 \cdot 10^3$

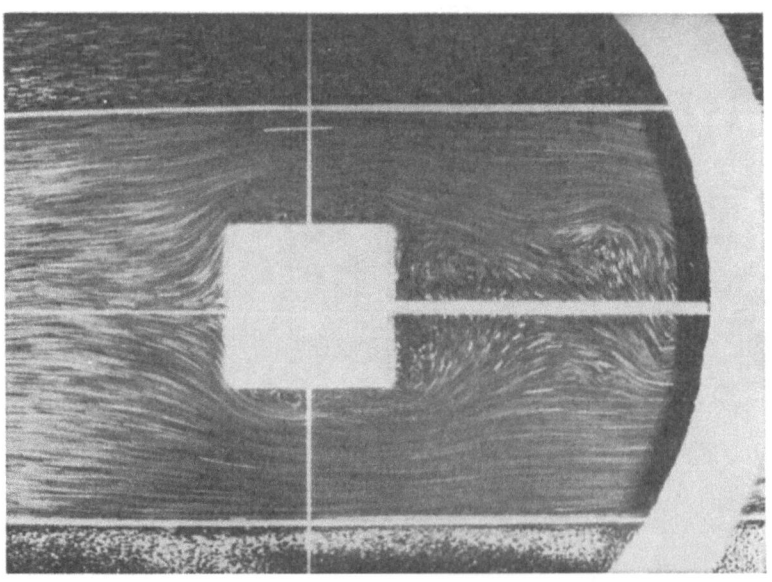

Abb. 22 $\delta = 0$

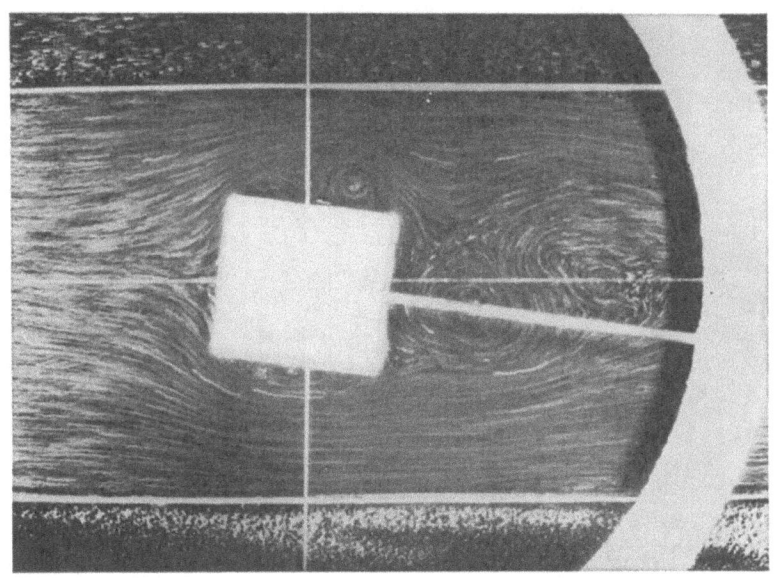

Abb. 23 $\delta = 10°$

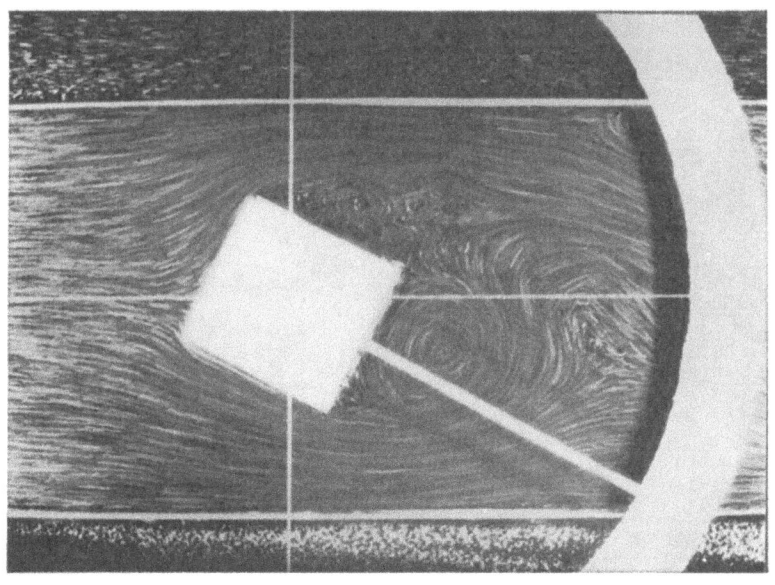

Abb. 24 $\delta = 30°$

Abb. 25–27 Örtliche Nu-Zahlen am Prisma, gebildet mit der Kantenlänge L als charakteristischer Abmessung, für verschiedene Anströmrichtungen und Windgeschwindigkeiten

○ Re = 9920 □ Re = 19840
+ Re = 33100 △ Re = 46400
▽ Re = 53000

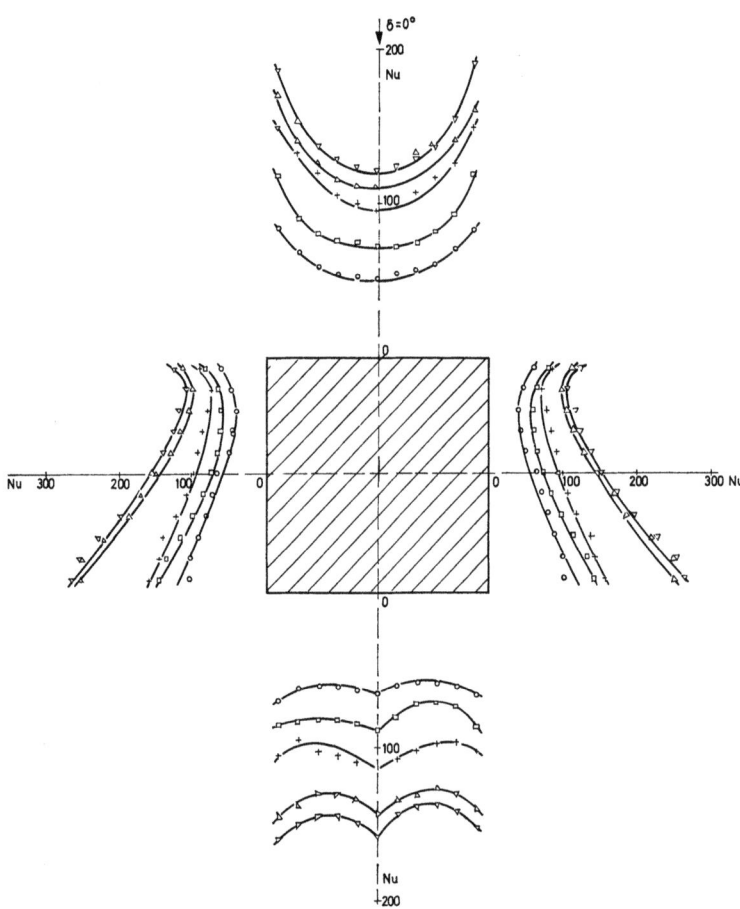

Abb. 25 $\delta = 0$

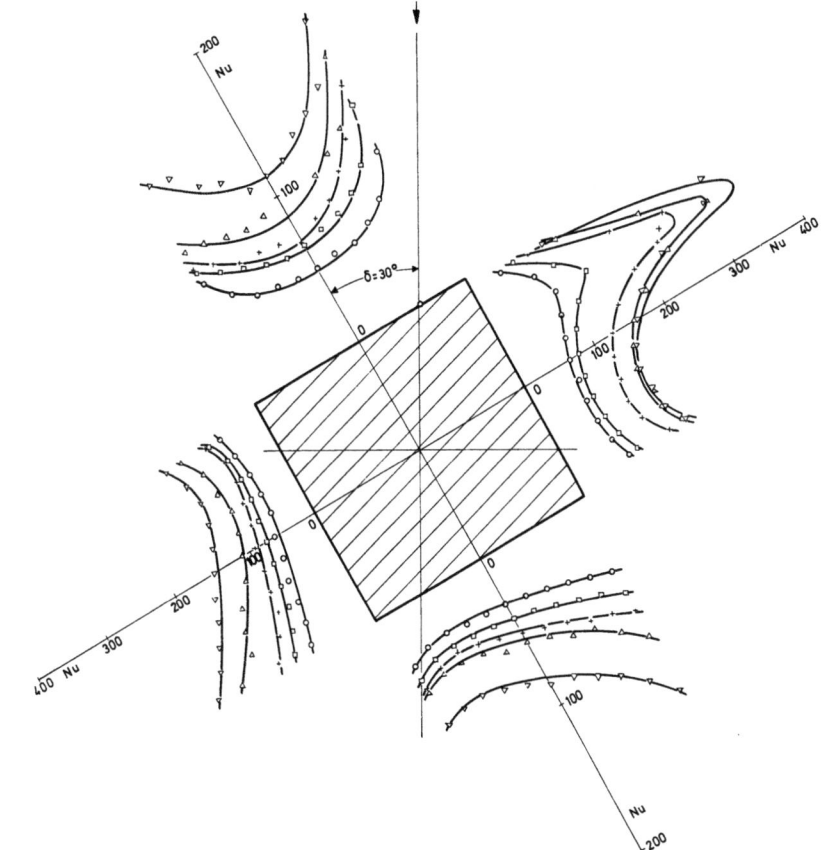

Abb. 26 $\delta = 30°$

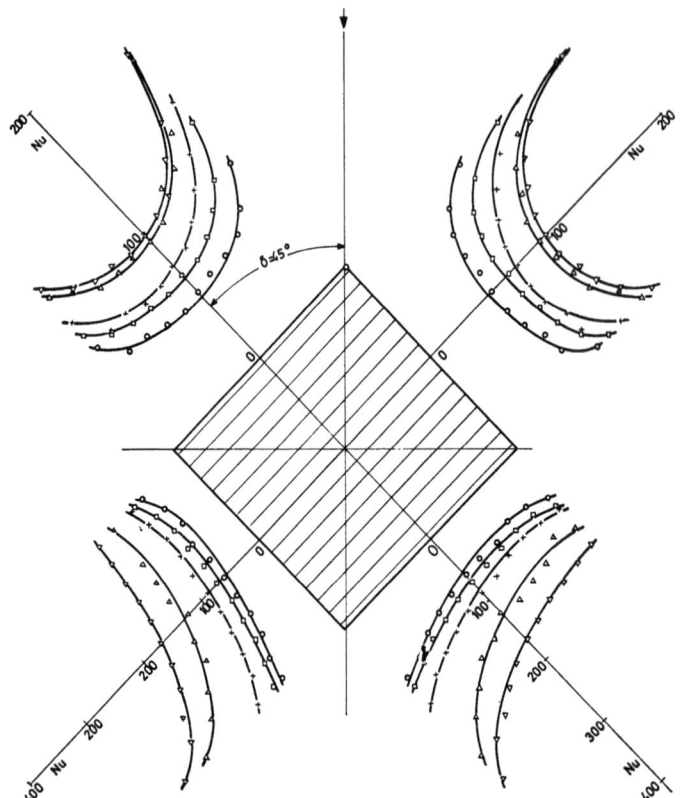

Abb. 27 $\delta = 45°$

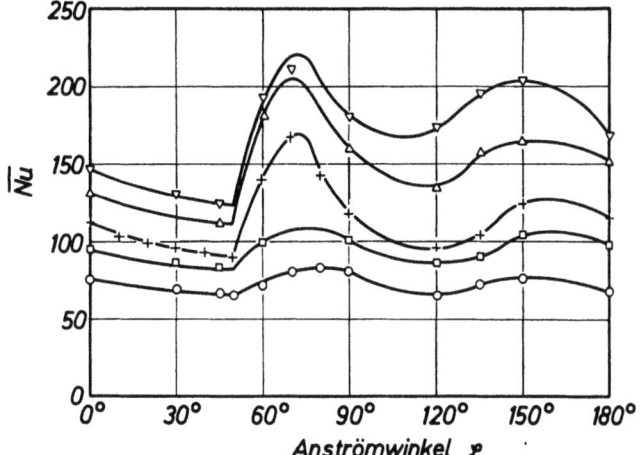

Abb. 28 Mittlere Nu-Zahl über die wärmeabgebende Seite eines Prismas in Abhängigkeit vom Winkel φ zwischen Anströmrichtung und Flächennormalen der Seite und der Windgeschwindigkeit
○ Re = 9920   □ Re = 19840
+ Re = 33100   △ Re = 46400
▽ Re = 53000

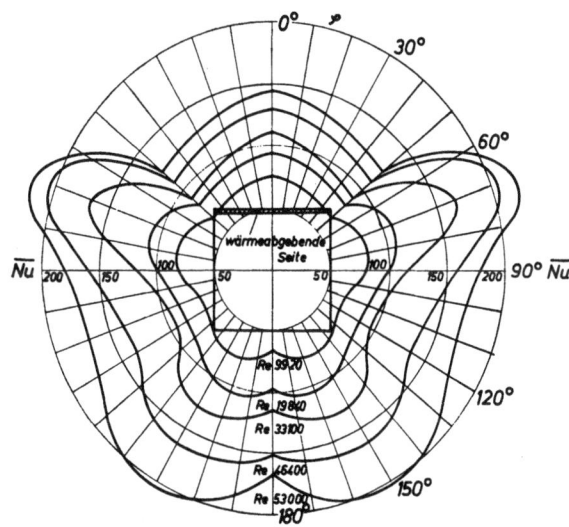

Abb. 29 Mittlere Nu-Zahl über die wärmeabgebende Seite eines Prismas in Abhängigkeit vom Winkel φ, unter dem die Seite vom Wind angeströmt wird, und der Windgeschwindigkeit

Abb. 30–32 Verteilung der dimensionslosen örtlichen Druckbeiwerte c_i am Prisma in Abhängigkeit vom Winkel δ zwischen Prisma und Anströmrichtung

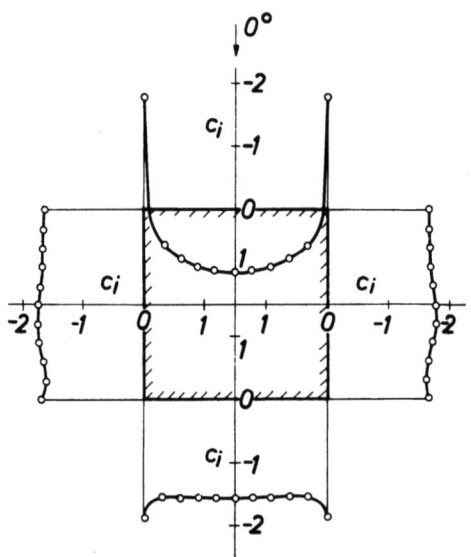

Abb. 30 $\delta = 0$

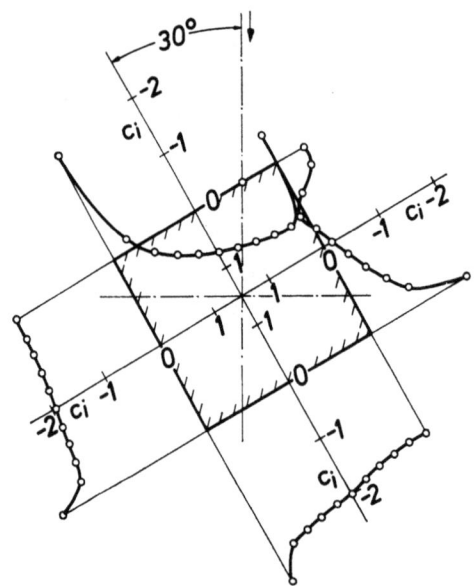

Abb. 31 $\delta = 30°$

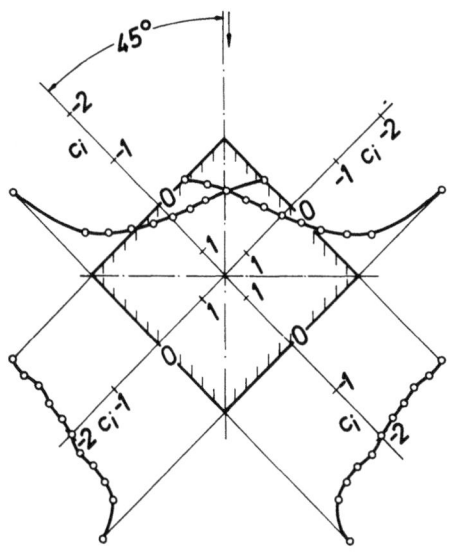

Abb. 32 $\delta = 45°$

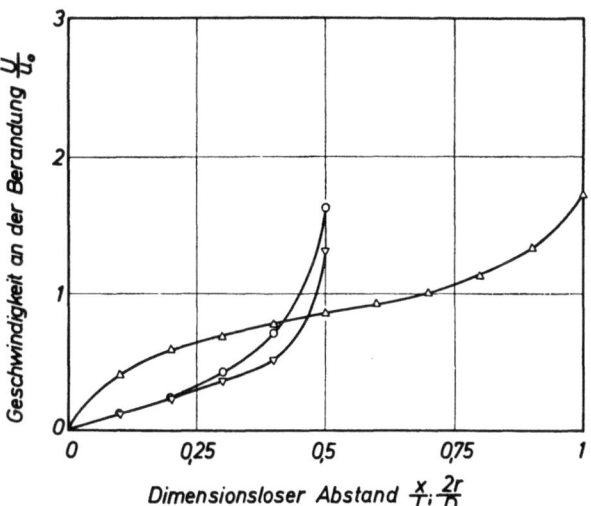

Abb. 33 Geschwindigkeitsverteilung am Rand der Grenzschicht beim Prisma ($\varphi = 0$ und $45°$) und bei der Kreisscheibe ($\varphi = 0$)
○ Prisma 0°   △ Prisma 45°   ▽ Scheibe

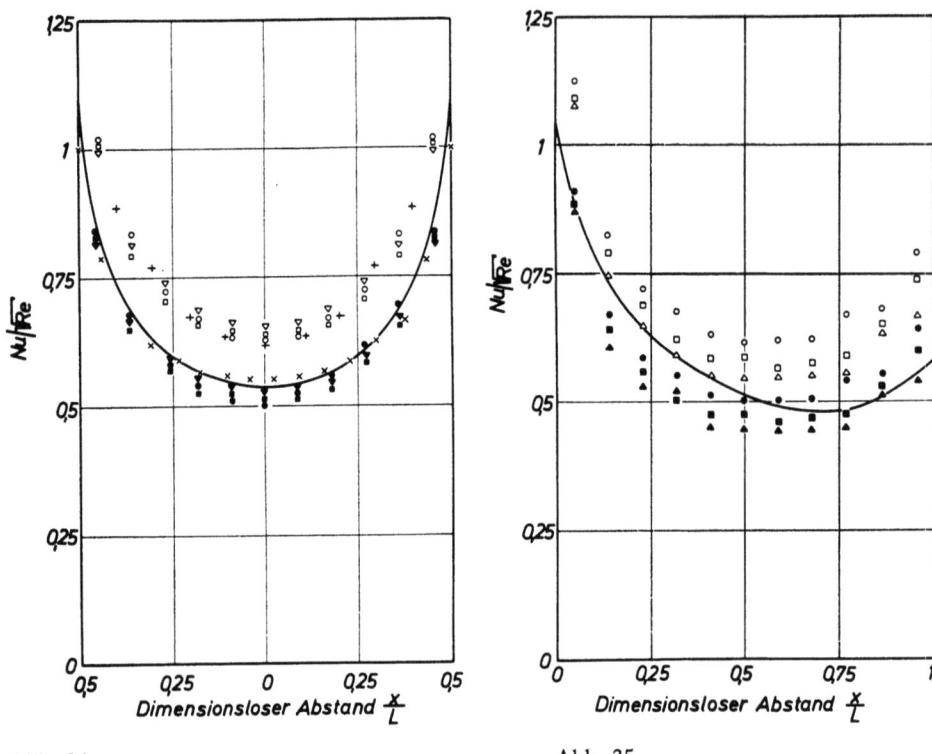

Abb. 34

Abb. 35

Abb. 34 Vergleich der Meßwerte für die Wärmeübergangszahl $Nu/Re^{1/2}$ mit den theoretischen Ergebnissen für die ebene Staupunktsströmung als Funktion vom Staupunktsabstand x/L

─────────── gerechnet
Leere Punkte: mit $n = 1/3$ ausgewertet
Volle Punkte: mit $n = 1/2$ ausgewertet
○ $Re = 9920$ □ $Re = 19840$ ▽ $Re = 53000$
+ Messungen von Sogin und Burkhard [4]
× Näherungsrechnung nach Merk [29]

Abb. 35 Vergleich der Meßwerte für die Wärmeübergangszahl $Nu/Re^{1/2}$ mit den theoretischen Ergebnissen für die ebene Anströmung unter 45° als Funktion vom Staupunktsabstand x/L

─────────── gerechnet
Leere Punkte: mit $n = 1/3$ ausgewertet
Volle Punkte: mit $n = 1/2$ ausgewertet
○ $Re = 9920$ □ $Re = 19840$ △ $Re = 46400$

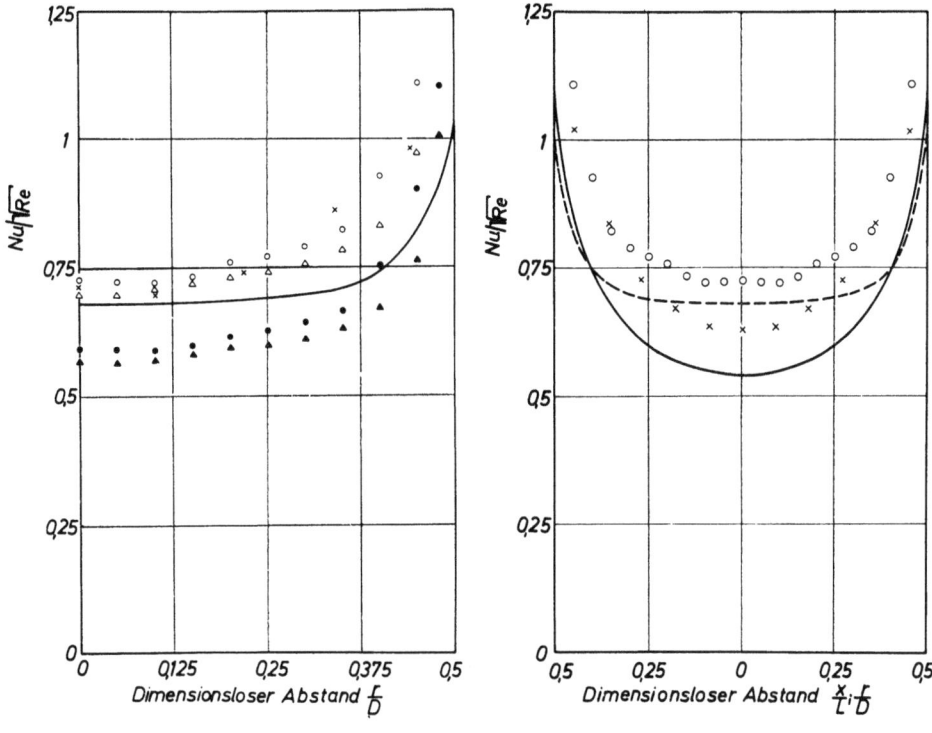

Abb. 36

Abb. 37

Abb. 36 Vergleich der Meßwerte für die Wärmeübergangszahl $Nu/Re^{1/2}$ für die räumliche Staupunktsströmung an einer Kreisscheibe mit den theoretischen Ergebnissen als Funktion vom Staupunktsabstand r/D
———————— gerechnet
Leere Punkte: mit $n = 1/3$ ausgewertet
Volle Punkte: mit $n = 1/2$ ausgewertet
○ Re = 9 920   △ Re = 46 400
× Messungen von KOH und HARTNETT [31]

Abb. 37 Vergleich der gerechneten und gemessenen Wärmeübergangszahl $Nu/Re^{1/2}$ bei ebener Staupunktsströmung am Prisma und bei räumlicher Staupunktsströmung an der Kreisscheibe bei Re = 9 920
———————— gerechnet Prisma
– – – – – – – gerechnet Scheibe
× Messungen Prisma   ○ Messungen Scheibe

10. Literaturverzeichnis

[1] LINKE, W., Die Berechnung der Kühllast klimatisierter Vielraumgebäude. Wärme-, Lüftungs- und Gesundheitstechnik 12 (1960), 257–265.
[2] GERHART, K., Modellversuche über die Verteilung des konvektiven Wärmeüberganges an Gebäudefassaden. Kältetechnik 19 (1967), 122–128.
[3] HILPERT, R., Wärmeabgabe von geheizten Drähten und Rohren im Luftstrom. Forsch. Ing.-Wes. 4 (1933), 215–224.
[4] SOGIN, H., K. BURKHARD und P. RICHARDSON, Heat Transfer in Separated Flows, Part I. Preliminary Experiments on Heat Transfer from an Infinite Bluff Plate to an Air Stream. ARL 4, Jan. 1961.
[5] SOGIN, H., A Summary of Experiments on Local Heat Transfer from the Rear of Bluff Obstacles to a Low Speed Air Stream. Trans. ASME, J. Heat Transfer 86 (1964), 200–202.
[6] FAGE, A., und F. JOHANSEN, On the Flow behind an Inclined Flate Plate of Infinite Span. Proc. Roy. Soc. London 116 (1927), 170–197.
[7] SCHMIDT, E., und K. WENNER, Wärmeabgabe über den Umfang eines angeblasenen, geheizten Zylinders. Forsch. Ing.-Wes. 12 (1941), 65–73.
[8] SOGIN, H., Sublimation from Disks to Air Flowing Normal to their Surfaces. Trans. ASME, J. Heat Transfer 80 (1958), Nr. 1
[9] DECKEN, C. V. D., H. HANTKE, J. BINCKEBANCK und K. BACHUS, Bestimmung des Wärmeüberganges von Kugelschüttungen an durchströmendes Gas mit Hilfe der Stoffübergangs-Analogie. Chemie-Ing. Techn. 32 (1960), 591–594.
[10] WONG, P., Mass and Heat Transfer from Circular Finned Cylinders. J. IHVE 34 (1966), April, 1–23.
[11] PRESSER, K., Wärmeübergang und Druckverlust an Reaktorbrennelementen in Form längsdurchströmter Rundstabbündel. Diss., TH Aachen 1967.
[12] GRÖBER, H., S. ERK und U. GRIGULL, Grundgesetze der Wärmeübertragung. 3. Auflage 1957, 343–349. Springer: Berlin/Göttingen/Heidelberg.
[13] COLBURN, A., A Method of Correlating Forced Convection Heat Transfer Data and a Comparison with Fluid Friction. Trans. AIChE 29 (1933), 174–210.
[14] CHILTON, T., und A. COLBURN, Mass Transfer (Absorption) Coefficients. Ind. Engng. Chem. 26 (1934), 1183–1187.
[15] MIZUSHINA, T., und M. NAKAJIMA, Simultaneous Heat- and Mass Transfer. Chem. Engng. Japan 15 (1951), 30–34.
[16] Critical International Tables. 1929. McGraw-Hill: New York.
[17] VDI-Wärmeatlas. Auflage 1963, Dc2 u. Dc8. Deutscher Ingenieur Verlag, Düsseldorf.
[18] PRANDTL, L., Führer durch die Strömungslehre. 5. Auflage 1960, 180. Friedr. Vieweg & Sohn: Braunschweig.
[19] LINDSEY, W., NACA TR 619 (1938), s. a. LANDOLT-BÖRNSTEIN, Zahlenwerte und Funktionen. IV. Band, I. Teil, 6. Auflage 1955, 737. Springer: Berlin/Göttingen/Heidelberg.
[20] SOGIN, H., und P. RICHARDSON, Research to Study the Effects of Flow Separation on the Convective Heat Transfer. ARL 3, Feb. 1959.
[21] FLACHSBART, O., Winddruck auf geschlossene und offene Gebäude. Ergebnisse der AVA Göttingen, 4. Lieferung 1932, 128–134.
[22] LUSCH, G., und E. TRUCKENBRODT, Windkräfte an Bauwerken. Berichte aus der Bauforschung, Heft 41 (1964).
[23] WIESELSBERGER, C., Versuche über den Luftwiderstand gerundeter und kantiger Körper. Ergebnisse der AVA Göttingen, 2. Lieferung 1923, 22 ff.
[24] BETZ, A., Ein Verfahren zur direkten Ermittlung des Profilwiderstandes. ZFM 16 (1925), 42 f.
[25] ECKERT, E., Die Berechnung des Wärmeüberganges in der laminaren Grenzschicht umströmter Körper. VDI-Forschungsheft 416 (1942).

[26] ECKERT, E., und J. LIVINGOOD, Method of Calculation of Laminar Heat Transfer in Air Flow around Cylinders of Arbitrary Cross Section. NACA TR 1118 (1953).
[27] SCHLICHTING, H., Grenzschichttheorie, 3. Auflage 1958, 26. G. Braun: Karlsruhe.
[28] ZURMÜHL, R., Praktische Mathematik für Ingenieure und Physiker. 4. Auflage 1963, 367–373. Springer: Berlin/Göttingen/Heidelberg.
[29] MERK, H., Rapid Calculations for Boundary Layer Transfer Using Wedge Solutions and Asymptotic Expansions. J. of Fluid Mechanics 5 (1959), 460ff.
[30] MANGLER, W., Zusammenhang zwischen ebenen und rotationssymmetrischen Grenzschichten in kompressiblen Flüssigkeiten. ZAMM 28 (1948), 97–103.
[31] KOH, J., und J. HARTNETT, Pressure Distribution and Heat Transfer for Flow over Simulated Cylindrical Parachutes. Trans. ASME, J. Heat Transfer 87 (1965), 521–525.
[32] KRISCHER, O., Die wissenschaftlichen Grundlagen der Trocknungstechnik. 2. Auflage 1963, 256. Springer: Berlin/Göttingen/Heidelberg.
[33] KESTIN, J., P. MAEDER und H. SOGIN, The Influence of Turbulence on the Heat Transfer to Cylinders Near the Stagnation Point. ZAMP 12 (1961), 115–132.
[34] LINKE, W., Neue Messungen zur Aerodynamik des Zylinders, insbesondere seines reinen Reibungswiderstandes. Phys. Z. 32 (1931), 900–914.

Forschungsberichte des Landes Nordrhein-Westfalen

Herausgegeben im Auftrage des Ministerpräsidenten Heinz Kühn
von Staatssekretär Professor Dr. h. c. Dr. E. h. Leo Brandt

Sachgruppenverzeichnis

Acetylen · Schweißtechnik
Acetylene · Welding gracitice
Acétylène · Technique du soudage
Acetileno · Técnica de la soldadura
Ацетилен и техника сварки

Arbeitswissenschaft
Labor science
Science du travail
Trabajo científico
Вопросы трудового процесса

Bau · Steine · Erden
Constructure · Construction material ·
Soil research
Construction · Matériaux de construction ·
Recherche souterraine
La construcción · Materiales de construcción
Reconocimiento del suelo
Строительство и строительные материалы

Bergbau
Mining
Exploitation des mines
Minería
Горное дело

Biologie
Biology
Biologie
Biologia
Биология

Chemie
Chemistry
Chimie
Quimica
Химия

Druck · Farbe · Papier · Photographie
Printing · Color · Paper · Photography
Imprimerie · Couleur · Papier · Photographie
Artes gráficas · Color · Papel · Fotografía
Типография · Краски · Бумага · Фотография

Eisenverarbeitende Industrie
Metal working industry
Industrie du fer
Industria del hierro
Металлообрабатывающая промышленность

Elektrotechnik · Optik
Electrotechnology · Optics
Electrotechnique · Optique
Electrotécnica · Optica
Электротехника и оптика

Energiewirtschaft
Power economy
Energie
Energía
Энергетическое хозяйство

Fahrzeugbau · Gasmotoren
Vehicle construction · Engines
Construction de véhicules · Moteurs
Construcción de vehículos · Motores
Производство транспортных · Средств

Fertigung
Fabrication
Fabrication
Fabricación
Производство

Funktechnik · Astronomie
Radio engineering · Astronomy
Radiotechnique Astronomie
Radiotécnica · Astronomía
Радиотехника и астрономия

Gaswirtschaft
Gas economy
Gaz
Gas
Газовое хозяйство

Holzbearbeitung
Wood working
Travail du bois
Trabajo de la madera
Деревообработка

Hüttenwesen · Werkstoffkunde
Metallurgy · Materials research
Métallurgie · Materiaux
Metalurgia · Materiales
Металлургия и материаловедение

Kunststoffe
Plastics
Plastiques
Plásticos
Пластмассы

Luftfahrt · Flugwissenschaft
Aeronautics · Aviation
Aéronautique · Aviation
Aeronáutica · Aviación
Авиация

Luftreinhaltung
Air-cleaning
Purification de l'air
Purificación del aire
Очищение воздуха

Maschinenbau
Machinery
Construction mécanique
Construcción de máquinas
Машиностроительство

Mathematik
Mathematics
Mathématiques
Mathemáticas
Математика

Medizin · Pharmakologie
Medicine · Pharmacology
Médecine · Pharmacologie
Medicina · Farmacología
Медицина и фармакология

NE-Metalle
Non-ferrous metal
Metal non ferreux
Metal no ferroso
Цветные металлы

Physik
Physics
Physique
Física
Физика

Rationalisierung
Rationalizing
Rationalisation
Racionalización
Рационализация

Schall · Ultraschall
Sound · Ultrasonics
Son · Ultra-son
Sonido · Ultrasónico
Звук и ультразвук

Schiffahrt
Navigation
Navigation
Navegación
Судоходство

Textilforschung
Textile research
Textiles
Textil
Вопросы текстильной промышленности

Turbinen
Turbines
Turbines
Turbinas
Турбины

Verkehr
Traffic
Trafic
Tráfico
Транспорт

Wirtschaftswissenschaften
Political economy
Economie politique
Ciencias económicas
Экономические науки

Einzelverzeichnis der Sachgruppen bitte anfordern

Westdeutscher Verlag · Köln und Opladen
567 Opladen/Rhld., Ophovener Straße 1–3, Postfach 1620

MIX
Papier aus verantwortungsvollen Quellen
Paper from responsible sources
FSC® C105338

If you have any concerns about our products,
you can contact us on
ProductSafety@springernature.com

In case Publisher is established outside the EU,
the EU authorized representative is:
**Springer Nature Customer Service Center GmbH
Europaplatz 3, 69115 Heidelberg, Germany**

Printed by Libri Plureos GmbH
in Hamburg, Germany